总主编 伍 江　副总主编 雷星晖

汪元元　蔡克峰　著

低维硫族化合物及其与聚合物复合热电材料的研究

Studies on the Low-Dimensional Chalcogenides and Their Polymer Based Composite Thermoelectric Materials

内容提要

本书围绕低维材料和有机-无机复合材料的化学合成及热点性能展开研究。首先概述了热电材料的体系、进展及提升其热电性能的手段；然后分别介绍了化学溶液法合成硫族化合物半导体薄膜，界面同步合成PANi基纳米复合材料及其热点性能，几种PANi衍生物纳米结构的软模板合成与修饰及其热电性能，聚3,4-乙撑二氧噻吩基纳米复合材料合成及其热电性能。

本书可作为从事热电材料研究与应用的研发及工程技术人员参考。

图书在版编目(CIP)数据

低维硫族化合物及其与聚合物复合热电材料的研究 / 汪元元,蔡克峰著. —上海：同济大学出版社，2017.8
（同济博士论丛 / 伍江总主编）
ISBN 978-7-5608-6867-7

Ⅰ.①低… Ⅱ.①汪… ②蔡… Ⅲ.①热电转换-硫化合物-功能材料-研究 ②热电转换-聚合物-功能材料-研究 Ⅳ.①TB34 ②TK123

中国版本图书馆 CIP 数据核字(2017)第 075994 号

低维硫族化合物及其与聚合物复合热电材料的研究

汪元元　蔡克峰　著

出 品 人　华春荣　　责任编辑　胡晗欣　　助理编辑　蔡梦茜
责任校对　徐春莲　　封面设计　陈益平

出版发行	同济大学出版社　www.tongjipress.com.cn
	（地址：上海市四平路1239号　邮编：200092　电话：021-65985622）
经　　销	全国各地新华书店
排版制作	南京展望文化发展有限公司
印　　刷	浙江广育爱多印务有限公司
开　　本	787 mm×1092 mm　1/16
印　　张	11.25
字　　数	225 000
版　　次	2017年8月第1版　2017年8月第1次印刷
书　　号	ISBN 978-7-5608-6867-7
定　　价	56.00元

本书若有印装质量问题，请向本社发行部调换　　版权所有　侵权必究

"同济博士论丛"编写领导小组

组　　　长：杨贤金　钟志华

副 组 长：伍　江　江　波

成　　　员：方守恩　蔡达峰　马锦明　姜富明　吴志强
　　　　　　徐建平　吕培明　顾祥林　雷星晖

办公室成员：李　兰　华春荣　段存广　姚建中

"同济博士论丛"编辑委员会

总 主 编：伍 江

副总主编：雷星晖

编委会委员：（按姓氏笔画顺序排列）

丁晓强	万 钢	马卫民	马在田	马秋武	马建新
王 磊	王占山	王华忠	王国建	王洪伟	王雪峰
尤建新	甘礼华	左曙光	石来德	卢永毅	田 阳
白云霞	冯 俊	吕西林	朱合华	朱经浩	任 杰
任 浩	刘 春	刘玉擎	刘滨谊	闫 冰	关佶红
江景波	孙立军	孙继涛	严国泰	严海东	苏 强
李 杰	李 斌	李风亭	李光耀	李宏强	李国正
李国强	李前裕	李振宇	李爱平	李理光	李新贵
李德华	杨 敏	杨东援	杨守业	杨晓光	肖汝诚
吴广明	吴长福	吴庆生	吴志强	吴承照	何品晶
何敏娟	何清华	汪世龙	汪光焘	沈明荣	宋小冬
张 旭	张亚雷	张庆贺	陈 鸿	陈小鸿	陈义汉
陈飞翔	陈以一	陈世鸣	陈艾荣	陈伟忠	陈志华
邵嘉裕	苗夺谦	林建平	周 苏	周 琪	郑军华
郑时龄	赵 民	赵由才	荆志成	钟再敏	施 骞
施卫星	施建刚	施惠生	祝 建	姚 熹	姚连璧

袁万城　莫天伟　夏四清　顾　明　顾祥林　钱梦騄
徐　政　徐　鉴　徐立鸿　徐亚伟　凌建明　高乃云
郭忠印　唐子来　阎耀保　黄一如　黄宏伟　黄茂松
戚正武　彭正龙　葛耀君　董德存　蒋昌俊　韩传峰
童小华　曾国荪　楼梦麟　路秉杰　蔡永洁　蔡克峰
薛　雷　霍佳震

秘书组成员： 谢永生　赵泽毓　熊磊丽　胡晗欣　卢元姗　蒋卓文

总 序

在同济大学110周年华诞之际,喜闻"同济博士论丛"将正式出版发行,倍感欣慰。记得在100周年校庆时,我曾以《百年同济,大学对社会的承诺》为题作了演讲,如今看到付梓的"同济博士论丛",我想这就是大学对社会承诺的一种体现。这110部学术著作不仅包含了同济大学近10年100多位优秀博士研究生的学术科研成果,也展现了同济大学围绕国家战略开展学科建设、发展自我特色,向建设世界一流大学的目标迈出的坚实步伐。

坐落于东海之滨的同济大学,历经110年历史风云,承古续今、汇聚东西,秉持"与祖国同行、以科教济世"的理念,发扬自强不息、追求卓越的精神,在复兴中华的征程中同舟共济、砥砺前行,谱写了一幅幅辉煌壮美的篇章。创校至今,同济大学培养了数十万工作在祖国各条战线上的人才,包括人们常提到的贝时璋、李国豪、裘法祖、吴孟超等一批著名教授。正是这些专家学者培养了一代又一代的博士研究生,薪火相传,将同济大学的科学研究和学科建设一步步推向高峰。

大学有其社会责任,她的社会责任就是融入国家的创新体系之中,成为国家创新战略的实践者。党的十八大以来,以习近平同志为核心的党中央高度重视科技创新,对实施创新驱动发展战略作出一系列重大决策部署。党的十八届五中全会把创新发展作为五大发展理念之首,强调创新是引领发展的第一动力,要求充分发挥科技创新在全面创新中的引领作用。要把创新驱动发展作为国家的优先战略,以科技创新为核心带动全面创新,以体制机制改革激发创新活力，以高效率的创新体系支撑高水平的创新型国家建设。作为人才培养和科技创新的重要平台，大学是国家创新体系的重要组成部分。同济大学理当围绕国家战略目标的实现，作出更大的贡献。

大学的根本任务是培养人才，同济大学走出了一条特色鲜明的道路。无论是本科教育、研究生教育，还是这些年摸索总结出的导师制、人才培养特区，"卓越人才培养"的做法取得了很好的成绩。聚焦创新驱动转型发展战略，同济大学推进科研管理体系改革和重大科研基地平台建设。以贯穿人才培养全过程的一流创新创业教育助力创新驱动发展战略，实现创新创业教育的全覆盖，培养具有一流创新力、组织力和行动力的卓越人才。"同济博士论丛"的出版不仅是对同济大学人才培养成果的集中展示，更将进一步推动同济大学围绕国家战略开展学科建设、发展自我特色、明确大学定位、培养创新人才。

面对新形势、新任务、新挑战，我们必须增强忧患意识，扎根中国大地，朝着建设世界一流大学的目标，深化改革，勉力前行！

万　钢

2017年5月

论丛前言

承古续今,汇聚东西,百年同济秉持"与祖国同行、以科教济世"的理念,注重人才培养、科学研究、社会服务、文化传承创新和国际合作交流,自强不息,追求卓越。特别是近20年来,同济大学坚持把论文写在祖国的大地上,各学科都培养了一大批博士优秀人才,发表了数以千计的学术研究论文。这些论文不但反映了同济大学培养人才能力和学术研究的水平,而且也促进了学科的发展和国家的建设。多年来,我一直希望能有机会将我们同济大学的优秀博士论文集中整理,分类出版,让更多的读者获得分享。值此同济大学110周年校庆之际,在学校的支持下,"同济博士论丛"得以顺利出版。

"同济博士论丛"的出版组织工作启动于2016年9月,计划在同济大学110周年校庆之际出版110部同济大学的优秀博士论文。我们在数千篇博士论文中,聚焦于2005—2016年十多年间的优秀博士学位论文430余篇,经各院系征询,导师和博士积极响应并同意,遴选出近170篇,涵盖了同济的大部分学科:土木工程、城乡规划学(含建筑、风景园林)、海洋科学、交通运输工程、车辆工程、环境科学与工程、数学、材料工程、测绘科学与工程、机械工程、计算机科学与技术、医学、工程管理、哲学等。作为"同济博士论丛"出版工程的开端,在校庆之际首批集中出版110余部,其余也将陆续出版。

博士学位论文是反映博士研究生培养质量的重要方面。同济大学一直将立德树人作为根本任务,把培养高素质人才摆在首位,认真探索全面提高博士研究生质量的有效途径和机制。因此,"同济博士论丛"的出版集中展示同济大学博士研究生培养与科研成果，体现对同济大学学术文化的传承。

"同济博士论丛"作为重要的科研文献资源，系统、全面、具体地反映了同济大学各学科专业前沿领域的科研成果和发展状况。它的出版是扩大传播同济科研成果和学术影响力的重要途径。博士论文的研究对象中不少是"国家自然科学基金"等科研基金资助的项目，具有明确的创新性和学术性，具有极高的学术价值，对我国的经济、文化、社会发展具有一定的理论和实践指导意义。

"同济博士论丛"的出版，将会调动同济广大科研人员的积极性，促进多学科学术交流、加速人才的发掘和人才的成长，有助于提高同济在国内外的竞争力，为实现同济大学扎根中国大地，建设世界一流大学的目标愿景做好基础性工作。

虽然同济已经发展成为一所特色鲜明、具有国际影响力的综合性、研究型大学，但与世界一流大学之间仍然存在着一定差距。"同济博士论丛"所反映的学术水平需要不断提高，同时在很短的时间内编辑出版110余部著作，必然存在一些不足之处，恳请广大学者，特别是有关专家提出批评，为提高同济人才培养质量和同济的学科建设提供宝贵意见。

最后感谢研究生院、出版社以及各院系的协作与支持。希望"同济博士论丛"能持续出版，并借助新媒体以电子书、知识库等多种方式呈现，以期成为展现同济学术成果、服务社会的一个可持续的出版品牌。为继续扎根中国大地，培育卓越英才，建设世界一流大学服务。

伍 江

2017年5月

前 言

热电材料是一种在固体状态下通过内部载流子的传输,实现热能与电能相互转换的材料,在热电发电及制冷领域具有重要的应用价值。本书主要围绕低维材料和有机-无机复合材料的化学合成及热电性能展开研究。

硫族化合物薄膜在热电、光电和存储器件领域有广泛的应用,受到人们越来越多的关注。在众多薄膜沉积技术中,化学溶液沉积工艺最为简单、成本最低。多种硫化物和硒化物的化学溶液沉积已有报道,但碲化物的化学溶液沉积合成较困难且尚无报道。首先针对硫族化合物半导体薄膜的化学沉积展开研究,发展一种新的温和条件下碲化物薄膜的化学溶液沉积方法,采用相应的金属盐和二氧化碲为原料,以硼氢化钾为还原剂在碱性溶液中沉积碲化物薄膜,成功地得到 PbTe,SnTe 和 Ag_2Te 薄膜。通过一些对比实验判断在沉积碲化物过程中在溶液中先生成亚稳态金属亚碲酸盐胶粒,亚碲酸盐被硼氢化钾直接还原为相应碲化物薄膜,同时也得到相应的纳米粉体。沉积的 PbTe 薄膜功率因子为 $1.93\ \mu W \cdot m^{-1} \cdot K^{-2}$,通过共沉积 PbTe－PbS 复合薄膜可大大提高 Seebeck 系数和功率因子,名义组分为 $(PbTe)_{0.25}(PbS)_{0.75}$ 样品的功率因子达到 16.02 $\mu W \cdot m^{-1} \cdot K^{-2}$。室温沉积的 Ag_2Te 和 Ag_2Se 薄膜电导率很低，270℃ 热处理后电导率大大提升，功率因子分别达到 35.2 $\mu W \cdot m^{-1} \cdot K^{-2}$ 和 30.5 $\mu W \cdot m^{-1} \cdot K^{-2}$。

目前，在化学溶液沉积薄膜的基础上发展一种使用亚稳态溶液旋涂法制备薄膜工艺，用于化学沉积薄膜的亚稳态溶液短时间内由于旋涂的机械力作用破坏了液滴体系稳定性，在基片上形成纳米级的新相颗粒，并在旋涂作用下形成平整的薄膜。该工艺提高了薄膜沉积的效率，也拓展了薄膜沉积的适用范围。结合热处理工艺，可以得到一些化学沉积无法获得的目标产物薄膜，如 Bi_2Te_3 薄膜。

制备硫族化合物半导体薄膜的工艺同样适合于合成相应的纳米结构，这些温和条件下无机纳米结构的制备方法可以很好的与导电高分子的合成体系相匹配，用于同步合成有机-无机复合材料。在碱性水溶液/CCl_4 界面合成了 PANi-PbTe，PANi-Ag_2Te，PANi-Ag_2Se 以及 PANi-Bi 纳米粉体。该方法中生成的 PANi 进入碱性溶液，掺杂程度低，因而电导率很低，同步合成 PANi-无机半导体复合材料实现了基本保持 PANi 原有 Seebeck 系数（甚至略有提升）的前提下电导率的大幅提高，但是由于 PANi 本身 Seebeck 系数只有 153 $\mu V \cdot K^{-1}$，使得同步合成的复合材料与纯无机半导体纳米颗粒冷压后的样品相比在热电性能上没有体现出优势。

对部分聚苯胺衍生物纳米结构的合成、修饰及热电性能进行了研究。采用软模板法合成聚对苯二胺（PpPD）纳米线，去掺杂态 PpPD 的 Seebeck 系数较高，但电导率很低，用离子吸附的方法分别制备了 PbSe 和 Bi_2Se_3 修饰的 PpPD 纳米线，热电性能获得较大提高，最大功率因子分别达到 0.189 $\mu W \cdot m^{-1} \cdot K^{-2}$ 和 0.435 $\mu W \cdot m^{-1} \cdot K^{-2}$。用软模板法合成聚 α-萘胺（PNA）纳米管，同样具有很大的 Seebeck 系数和很低的电导率,但由于萘胺稠环的空间位阻较大,无法有效吸附离子进行修饰。采用原位聚合得到 PpPD-CNTs 和 PNA-CNTs 复合材料,最大功率因子分别为 0.706 和 2.06 $\mu W \cdot m^{-1} \cdot K^{-2}$。

研究了 PEDOT 基纳米复合热电材料的同步或原位合成及热电性能。在正己烷/乙腈界面上合成 PEDOT 纳米管,PEDOT 纳米管为去掺杂态,电导率较低,Seebeck 系数很大且为负值($-4088\ \mu V \cdot K^{-1}$),为 N 型半导体。采用 Pickering 乳液合成 PbTe 纳米颗粒修饰的 PEDOT 纳米管结构,冷压后块体电导率随 PbTe 含量提高而上升,Seebeck 系数绝对值下降,功率因子先升高后下降,最大值为 1.44 $\mu W \cdot m^{-1} \cdot K^{-2}$。在酸性溶液中同步合成 PEDOT-$Bi_2S_3$ 复合纳米粉末,Bi_2S_3 为一维纳米结构。冷压后块体电导率随 Bi_2S_3 含量提高而上升,Seebeck 绝对值先略微上升后下降,功率因子最大值达到 2.3 $\mu W \cdot m^{-1} \cdot K^{-2}$。分别用硝酸银和硝酸铜为引发剂,在正己烷/乙腈界面上同步合成 Ag 和 Cu 纳米颗粒修饰的 PEDOT 一维纳米结构,在氧单比为 2 时,PEDOT-Ag 和 PEDOT-Cu 的功率因子分别达到最大值 1.49 $\mu W \cdot m^{-1} \cdot K^{-2}$ 和 7.07 $\mu W \cdot m^{-1} \cdot K^{-2}$。用异丙醇+乙腈混合溶液代替乙腈溶液同步合成 PEDOT-Cu:产物为 Cu 纳米针嵌在珍珠链状的 PEDOT 网络结构中。氧单比为 1 时,功率因子达到最大值 12.47 $\mu W \cdot m^{-1} \cdot K^{-2}$。在乙腈溶液中原位合成对甲苯磺酸掺杂的 PEDOT 包覆的碳纳米管。在一定范围内样品的电导率和 Seebeck 系数随 CNTs 含量提高同时上升,功率因子峰值 25.9 $\mu W \cdot m^{-1} \cdot K^{-2}$。

目 录

总序
论丛前言
前言

第1章　绪论 ·· 1
1.1　热电转换基本原理 ·· 3
　　1.1.1　热电效应 ·· 3
　　1.1.2　热电器件的工作原理和效率 ······························ 5
1.2　热电材料体系 ··· 7
　　1.2.1　传统热电材料 ··· 7
　　1.2.2　新型热电材料 ··· 9
1.3　高分子热电材料研究进展 ·· 13
　　1.3.1　聚苯胺(PANi)结构、合成方法与热电性能概述 ········ 13
　　1.3.2　聚3,4-乙撑二氧噻吩(PEDOT)的结构、合成方法与
　　　　　热电性能概述 ··· 17
1.4　提高热电材料性能的技术手段 ····································· 20
　　1.4.1　元素掺杂和填充 ··· 21

1.4.2　材料低维化 ……………………………………………… 21
　　1.4.3　材料复合 …………………………………………………… 24
1.5　主要研究内容 ……………………………………………………… 26

第2章　化学溶液法合成硫族化合物半导体薄膜 …………………… 27
2.1　概述 ………………………………………………………………… 27
2.2　化学浴合成 PbTe 薄膜 …………………………………………… 30
　　2.2.1　化学浴同步合成 PbTe 薄膜与纳米颗粒 ………………… 31
　　2.2.2　热处理对 PbTe 薄膜形貌的影响 ………………………… 36
　　2.2.3　化学浴合成 PbTe-PbS 纳米复合薄膜 …………………… 38
2.3　化学浴合成 SnTe 薄膜 …………………………………………… 42
2.4　化学浴合成 Ag_2Te 与 Ag_2Se 薄膜 ………………………………… 48
　　2.4.1　化学浴合成 Ag_2Te 薄膜 ………………………………… 49
　　2.4.2　化学浴合成 Ag_2Se 薄膜 ………………………………… 55
2.5　亚稳态溶液旋涂法制备半导体薄膜 ……………………………… 59
2.6　本章小结 …………………………………………………………… 63

第3章　界面同步合成 PANi 基纳米复合材料及其热电性能 ……… 65
3.1　概述 ………………………………………………………………… 65
3.2　PANi-PbTe 纳米复合材料的合成与热电性能 …………………… 66
　　3.2.1　合成方法 …………………………………………………… 66
　　3.2.2　结构与形貌表征 …………………………………………… 67
　　3.2.3　热电性能 …………………………………………………… 71
3.3　PANi-Ag_2Te 纳米复合材料的合成与热电性能 ………………… 73
　　3.3.1　合成方法 …………………………………………………… 73
　　3.3.2　结构与形貌表征 …………………………………………… 74

3.3.3 热电性能 …………………………………………………… 77
3.4 PANi-Ag_2Se 纳米复合材料的合成与热电性能 ………………… 78
  3.4.1 合成方法 …………………………………………………… 78
  3.4.2 结构与形貌表征 …………………………………………… 78
  3.4.3 热电性能 …………………………………………………… 80
3.5 PANi-Bi 纳米复合材料的合成与热电性能 ……………………… 81
  3.5.1 合成方法 …………………………………………………… 81
  3.5.2 结构与形貌表征 …………………………………………… 81
  3.5.3 热电性能 …………………………………………………… 83
3.6 本章小结 ……………………………………………………………… 84

第4章 几种PANi衍生物纳米结构的软模板合成与修饰及其热电性能 …………………………………………………………………… 86
4.1 概述 …………………………………………………………………… 86
4.2 聚对苯二胺(PpPD)及PpPD-CNTs复合材料的合成与热电性能 …………………………………………………………………… 87
4.3 PpPD 纳米线的合成与 PbSe 修饰 ……………………………… 90
4.4 Bi_2Se_3 修饰 PpPD 纳米线 …………………………………… 95
4.5 聚α-萘胺(PNA)纳米管的合成 …………………………………… 97
4.6 PNA-CNTs 复合材料的合成与热电性能 ………………………… 100
4.7 本章小结 ……………………………………………………………… 103

第5章 聚3,4-乙撑二氧噻吩基纳米复合材料合成及其热电性能 …………………………………………………………………… 104
5.1 概述 …………………………………………………………………… 104
5.2 PEDOT-PbTe 纳米复合材料的合成与热电性能 ………………… 104

5.2.1　合成方法 ··· 105
　　5.2.2　结构与形貌表征 ································· 106
　　5.2.3　热电性能 ··· 108
5.3　PEDOT-Bi_2S_3 纳米复合材料的同步合成与热电性能········ 110
　　5.3.1　合成方法 ··· 110
　　5.3.2　结构与形貌表征 ································· 111
　　5.3.3　热电性能 ··· 113
5.4　PEDOT-Ag 和 PEDOT-Cu 纳米复合材料的同步合成与热电性能 ··· 115
　　5.4.1　合成方法 ··· 115
　　5.4.2　结构与形貌表征 ································· 116
　　5.4.3　热电性能 ··· 120
5.5　PEDOT-CNTs 纳米复合材料的合成与热电性能 ·········· 122
　　5.5.1　合成方法 ··· 122
　　5.5.2　结构与形貌表征 ································· 123
　　5.5.3　热电性能 ··· 124
5.6　本章小结 ·· 127

第6章　结论和展望 ·· 129

参考文献 ··· 132

后记 ··· 160

第 1 章
绪　论

　　随着世界人口的增长、全球工业化步伐的不断加快,以及消费需求的扩大,人类对能源的需求量也跟着迅速增加,世界性的能源短缺已成为制约经济社会发展的重要因素。不断增长的能源消耗使得传统化石能源正面临枯竭,同时带来土壤酸化、全球变暖和气候变化等世界性的环境问题。为了应对这些问题,各国争相投入到各种新能源的开发中。核能发电具有能量密度高、成本低、几乎零排放等优势,但也需要承受发生核泄漏的风险和压力。2011 年 3 月 11 日,日本发生强烈地震,福岛第一核电站出现核泄漏造成周围地区和海域严重的放射性污染,引起世界各国对核安全性的关注,瑞士和德国分别宣布将于 2034 年前和 2022 年前彻底放弃核能发电。水能、风能、太阳能等可再生能源具有清洁、无污染、可以循环利用的优势,但也存在各种缺陷:水电的大量开发同样会造成环境和生态的负担,对于三峡工程利弊至今仍有争论;风力发电稳定性较差,很难直接进入电网,需要配置大量储能装置;太阳能有广阔的应用前景,但目前仍需要解决成本相对较高的问题。

　　此外,除了新能源的开发以外,在能源利用过程中还应做到有效地"节流"。各种能源在使用过程中效率并不高,大多数的能量以废热的形式浪费掉并加重环境负担,对这些热能有效地回收利用也是应对能源危机的重要手段。热电材料可以直接将这些低品位的热能转换成易于传输、使用方便的电能。热电材料和热电转换技术的研发得到世界各国的广泛关注。

热电材料是一种在固体状态下通过自身的载流子(空穴或电子)的传输实现热能与电能相互转换的材料。热电转换技术由于具有体积小、无振动、无噪声、无污染、无磨损、无运动部件、免维护、无污染等特点,在热能利用方面具有的独特优势[1,2]。目前,热电发电多用于航天、野外和海洋作业等特殊环境下提供电源,如美国的旅行者Ⅰ号、Ⅱ号及卡西尼宇宙飞船上都装备了放射性同位素温差发电器[3]。此外,利用太阳能热源、工业废热、汽车散热器和排气系统所带来的废热进行发电也有长足的发展[4-8]。除了用于发电以外,利用热电材料实现致冷也是一种简单快捷、绿色环保的致冷方式[9]。传统冰箱和其他制冷设备中的气体压缩机使用的含氟化合物是对臭氧层破坏的主要污染源。而热电致冷设备可以实现电能的直接制冷,对环境没有任何的污染,目前主要应用在小型制冷装置,如在计算机芯片、激光器的冷源、红外探测器、光电子领域的小功率制冷[10-14]。此外在医学、生物试样冷藏等方面热电致冷也有大量的应用[15]。

然而,受制于较低的热电转换效率,目前热电材料仍无法大规模应用到废热发电中去,也无法替代传统的压缩机制冷方式。目前报道的热电器件最佳的转换效率在10%左右,远低于普通热机约35%的发电效率。大幅提高热电转换效率的关键在于通过各种方式进一步提高材料的热电优值(ZT值)。因此,研发高ZT值的热电材料成为这一领域的核心。另外,降低热电材料制造成本、提高热电材料服役性能以及热电器件的优化设计也是热电科学研究的重要方面。

1.1 热电转换基本原理[16]

1.1.1 热电效应

热电效应是由温差引起的电效应以及电流引起的可逆热效应的总称，它包括 Seebeck 效应、Peltier 效应及 Thomson 效应三个相互关联的效应。

Seebeck 效应是指在 a,b 两种不同材料构成的回路中，如果两个接头处的温度不同，则会产生电动势 ΔV 的现象(图 1-1(a))。ΔV 称为热电动势或温差电动势，与冷热两端的温度差 ΔT 成正比：

$$\Delta V = \alpha_{ab} \Delta T \tag{1-1}$$

式中，α_{ab} 为 Seebeck 系数，由材料本身的电子能带结构决定：

$$\alpha_{ab} = \lim_{\Delta T \to 0}(\Delta V/\Delta T) = \frac{dV}{dT} \tag{1-2}$$

α_{ab} 可正可负，通常规定，若电流在冷接头处由导体 a 流入导体 b，α_{ab} 就为正，反之为负。

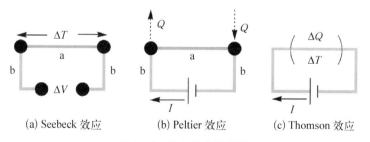

(a) Seebeck 效应　　(b) Peltier 效应　　(c) Thomson 效应

图 1-1　热电效应示意图

Seebeck 效应本质上是在温度梯度作用下导体内载流子分布发生变化引起的。当温度梯度在导体内建立后，处于热端的载流子具有较大的动能，趋于向冷端扩散堆积，使得冷端的载流子数目多于热端。当导体达到平衡时,导体两端所形成的电势差就是 Seebeck 电势。

Peltier 效应是 Seebeck 效应的逆效应,是指当电流通过两个不同导体构成的回路时,在接点处有吸热或放热现象;当电流从某一方向流经回路的接点时,接点会变冷,而当电流反向时,接点会变热(图 1-1(b))。接头处的吸(放)热速率 q 与回路中的电流 I 成正比:

$$q = \pi_{ab} I \quad (1-3)$$

式中,π_{ab} 定义为 Peltier 系数。规定当电流在接头处由导体 a 流入 b 时,若接头处吸热,π_{ab} 为正,反之为负。

Peltier 效应是由构成回路的两种导体中载流子势能差异产生的。当载流子从一种导体通过接头处进入另一种导体时,需要在接头附近与晶格发生能量交换,以达到新的平衡,从而产生吸热与放热现象。

Peltier 效应涉及由两种不同导体组成的回路,而 Thomson 效应则是存在于单一均匀导体中的热电转换现象:当一段存在温度梯度的导体通过电流 I 时,原来的温度分布将被破坏,为了维持原有的温度分布,导体将吸收或放出热量(图 1-1(c))。该吸(放)热速率 q 与电流 I 和施加于电流方向上的温差 ΔT 成正比:

$$q = \beta I \Delta T \quad (1-4)$$

式中,比例常数 β 定义为 Thomson 系数,当电流方向与温度梯度方向一致时,若导体吸热,则 β 为正,反之为负。与 Peltier 效应不同,在 Thomson 效应中,载流子的能量差异是由温度梯度引起的。

Seebeck 系数、Peltier 系数与 Thomson 系数之间的关系可由 Kelvin 关系式表达如下:

$$\pi_{ab} = \alpha_{ab} T \quad (1-5)$$

$$\beta_a - \beta_b = T\left(\frac{d\alpha_{ab}}{dT}\right) \qquad (1-6)$$

1.1.2 热电器件的工作原理和效率

基于 Seebeck 效应和 Peltier 效应，热电材料可分别用于设计为发电与制冷器件。图 1-2(a)为热电发电器件的原理图，当热电器件电偶两端存在温差时，高温端的载流子浓度要高于低温端的，使载流子有定向移动的驱动力，P 型和 N 型的载流子所带电荷相恰好相反，朝同一方向运动的载流子就会在闭合回路中形成持续不断的电流，从而实现了热能的发电。图 1-2(b)为热电制冷器件，N 型载流子的定向移动方向与电流方向相反，而 P 型载流子的定向移动方向与电流方向相同，使器件两端形成温度梯度，并把热量从低温端输运到高温端。器件的高温端放热对环境加热，而低温端从环境吸收热量实现制冷。实际的热电装置一般由多个图 1-2 所示的热电单元组成，通过并联或串联方式连接来达到所需的制冷量或发电功率。

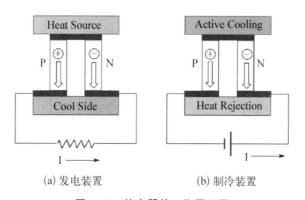

(a) 发电装置　　　　　　(b) 制冷装置

图 1-2　热电器件工作原理图

通常用能量转换效率来衡量热电器件的优劣，即发电机的最大发电效率或制冷器的最大制冷效率。热电发电的转换效率 η 定义为：$\eta = P_{out}/Q_h$，Q_h 为热端的吸热量，P_{out} 为输出到负载上的电能。对于温差制冷器来说,其制冷效率由性能系数COP(coefficient of performance)来表达,为冷端从外界吸收的热量与输入的电能之间的比值,该比值ϕ定义为:$\phi = Q_c/P_{in}$,其中Q_c为冷端吸收的热量,P_{in}为输入的电能。

应用热电效应发电或制冷时材料本身将会产生焦耳热。热电效应作用时,材料与环境热量的变化由热传导、焦耳热和热电效应热三部分组成,建立起包括这三种现象的方程,可以求出发电器的最大发电效率和制冷器的最大制冷效率。最大发电效率和制冷器的最大制冷效率分别用式(1-7)和式(1-8)表示:

$$\eta_{max} = \frac{T_h - T_c}{T_h} \cdot \frac{(1+Z\bar{T})^{\frac{1}{2}} - 1}{(1+Z\bar{T})^{\frac{1}{2}} + \frac{T_c}{T_h}} \qquad (1-7)$$

$$\phi_{max} = \frac{T_c}{T_h - T_c} \cdot \frac{(1+Z\bar{T})^{1/2} - T_h/T_c}{(1+Z\bar{T})^{1/2} + 1} \qquad (1-8)$$

式(1-7)中$\bar{T} = (T_h + T_c)/2$。右边的第一部分$(T_h - T_c)/T_h$就是卡诺效率,第二部分与发电器的材料性质有关,数值小于1。因此,热电发电器也与其他热机一样,效率小于理想卡诺机的循环效率。无论是热电制冷还是温差发电,在给定的温差下,Z值越大,则能量转换效率越高。由式(1-7)和式(1-8)可以看出,热电转换效率由ZT值所确定。实际中常用ZT值衡量材料热电性能好坏,称为无量纲热电优值。

一定温度下ZT取决于材料的Seebeck系数(α)、电导率(σ)和热导率(κ)三个参数,即

$$ZT = \alpha^2 \sigma T/\kappa \qquad (1-9)$$

Seebeck系数(α)是反映材料热电特性最重要的参数,为了获得较高的热电性能,需要材料具有较大的Seebeck系数,从而在一定温差条件下获得

更大的电动势。较高的电导率(σ)可有效地减小电源内部功耗,提高输出功率,而较低的热导率(κ)有利于维持材料两端的温差。$\alpha^2\sigma$被称为功率因子,反映材料的电传输性能。

1.2 热电材料体系

最初人们对热电材料的注意力集中在金属及其合金方面,而金属的Seebeck系数仅 10 $\mu V \cdot K^{-1}$ 左右,主要应用在制作热电偶用于温度测量。直到 20 世纪 30 年代,随着固体理论的发展,尤其是半导体物理的发展,发现半导体材料的 Seebeck 系数可高于 100 $\mu V \cdot K^{-1}$,热电材料研究再度引起人们的重视。到了 20 世纪 50 年代末,Ioffe 及其同事从理论和实验上证明通过利用两种以上的半导体形成固溶体,可使 κ/σ 值减小,展示了通过新材料的研究开发实现热电性能提高的前景,并发展了一批热电性能较高的材料,如 Bi_2Te_3、PbTe、SiGe 等固溶体合金。

1.2.1 传统热电材料

传统的热电材料包括用于室温附近使用的 Bi_2Te_3 基合金及其为代表的 V-VI 族半导体化合物、中温区(400～700 K)使用的 PbTe 基合金及其为代表的 IV-VI 族半导体化合物,以及用于高温(800～1 000 K)发电的 SiGe 合金等。

Bi_2Te_3 在室温下 ZT 值可达到 1,是室温和低温下性能最好的热电材料,也是商业化应用最广的材料,被大量地应用于半导体制冷元件。Bi_2Te_3 为代表 V-VI 族半导体化合物 Bi_2Te_3、Bi_2Se_3 和 Sb_2Te_3 都是六方层状结构,具有强烈的各向异性。它们之间形成的固溶体合金可以降低材料晶格热导,提高材料的 ZT 值。$Bi_{0.5}Sb_{1.5}Te_3$[17-20] 和 $Bi_2Te_{2.7}Se_{0.3}$[21-23] 分别是性能较好的 P 型和 N 型热电材料。Poudel 等通过球磨制得 $Bi_{0.5}Sb_{1.5}Te_3$ 纳米粉体并热压得到 P 型的多晶块体,室温 ZT 值为 1.2,最大 ZT 值在 373 K 时达到 1.4[24]。

PbTe 与 PbTe 基重掺杂半导体是研究最早,目前发展最成熟,性能最好的热电材料之一,可用于中温区的废热发电。为提升 PbTe 的热电性能,也通常采用合成 PbTe-SnTe,PbTe-PbSe 等固溶体的方法在晶格中引入短程无序,增加声子散射。另外,元素掺杂也是常用的提升 PbTe 热电性能的方法。PbTe 材料的掺杂主要有自掺杂[25]和异种元素取代两种方式。当 Pb 含量高于化学剂量比时,化合物为 N 型半导体;当 Te 含量高于化学剂量比时,化合物为 P 型半导体,但由于 Pb 和 Te 在化合物中固溶度极低,自掺杂的方式对热电性能的改善十分有限。因此,人们主要通过异种元素取代掺杂的方式提升 PbTe 的热电性能,例如,用 $PbCl_2$,$PbBr_2$,Sb_2Te_3,Bi_2Te_3 等作为施主杂质[26-31],用 Na_2Te,K_2Te 等作为受主杂质。研究发现 Ag,La,In 等元素掺杂都能使 PbTe 热电性能得到改善[32-35],其中最引人注目的是 2004 年 Hsu 等[36]报道了 Ag 和 Sb 掺杂的 PbTe($AgPb_mSbTe_{m+2}$,LAST-m)块体热电材料的 ZT 值在 700 K 时达到 1.7。Pei 等[37]制备的 Na 掺杂的 $PbTe_{1-x}Se_x$,在 850 K 时 ZT 值达到约 1.8。另外,IV-VI 族半导体化合物 GeTe 和 $AgSbTe_2$ 形成的固溶体$(GeTe)_m-(AgSbTe_2)_{100-m}$(TAGS-$m$)具有较高的电导率和 Seebeck 系数以及较低的热导率,也是研究较多的 P 型热电材料。其中以 TAGS-80 和 TAGS-85 性能最优[38-42]。本课题组从降低成本、简化工艺、优化性能的角度出发,发展了水热法结合真空熔融法的工艺制备了 LAST-m 系列块体材料[43]并研究了 Sn 和 Se 的掺杂对热电性能的影响[44,45]。

SiGe 合金是目前较为成熟的一种高温热电材料,适于制造由放射性同位素供热的温差发电器,并已得到实际应用。1977 年,旅行者号太空探测器首次采用 SiGe 合金作为温差发电材料,在此后美国 NASA 的空间计划中,SiGe 几乎完全取代 PbTe 材料[46]。利用 Ga,As,B,P 等元素的掺杂或在材料中引入纳米结构可进一步降低热导率,提高热电性能[47-51]。

1.2.2 新型热电材料

新型的热电材料主要有电子晶体-声子玻璃(PGEC)热电材料、Half-Heusler 化合物热电材料、氧化物热电材料以及一些准晶体材料等。近年来,导电活性聚合物及相关复合材料的热电性能也引起了部分关注。

1.2.2.1 电子晶体-声子玻璃(PGEC)热电材料

PGEC 的概念是美国科学家 Slack 在 1995 年首先提出,即理想的热电材料应具有晶体一样的电传输性质和玻璃一样的热传输性质[52]。这种晶体结构中应含有三种不同的晶体学位置:其中两种位置的原子构成基本晶体结构,决定其能带结构和良好的导电特性;第三种位置的原子与周围的原子弱结合,可在前两种位置原子构成的笼状空隙中振动、散射声子,降低热导率,但对电子输运性质影响较小,使得材料有较高的 ZT 值。最典型的 PGEC 材料主要为方钴矿化合物(Skutterudite)和包括笼式化合物(Clathrate)在内的 Zintl 相化合物。

方钴矿化合物是一类通式为 A_8B_{24} 的化合物。其中,A 为 Ir,Co,Fe,Rh 等 VIII 族金属元素,B 是 P,As,Sb 等 VA 族元素,具有较大的平均原子量和复杂的立方晶体结构。每个晶胞含 32 个原子,有两个较大的空隙。方钴矿化合物有较大的 Seebeck 系数和很高的载流子迁移率,但热导也相对较高。可以通过在空隙中填充碱金属、碱土金属以及稀土金属原子来降低热导率、提高热电性能。对方钴矿化合物填充特性的理论和实验研究是热电材料领域的热点[53-58]。

Zintl 相化合物由电负性相差很大的阴离子和阳离子组成[59,60]。阳离子(通常为 I 族和 II 族)贡献电子给阴离子,阴离子形成框架结构,起到"电子晶体"的作用；阳离子在框架中起到"声子玻璃"的作用。Zintl 相化合物中一般离子键和共价键共存，传统的 Zintl 相化合物为价态平衡的半导体，广义 Zintl 相化合物还包括阴阳离子间电子转移不完全的极性金属间化合物。Zintl 相化合物种类丰富，研究历史很长，但对其性能研究多集中在磁学性能上。目前发现了几种热电性能较好的体系，如 $YbZn_2Sb_2$[61-64]，$Yb_{14}MnSb_{11}$[65-67]，Zn_4Sb_3[68-72]，$Yb_{11}Sb_{10}$[73]，$BaMn_2Sb_2$[74] 以及 La_3Te_4[75,76] 等。

以 $Ba_8Ga_{16}Ge_{30}$ 为代表的笼式化合物（Clathrate）也属于 Zintl 相化合物，通式为 $A_xB_yC_{46-y}$，B 和 C 构成类似富勒烯的笼型框架，A 位原子在笼中。较常见的组成为 A_8C_{46}（其中 A 为 Na，K，Rb 等；C 为 Si，Ge，Sn 等）[77-79]，$A_8B_8C_{38}$（其中 A 为 Na，K，Rb 等；B 为 Al，Ga，In 等；C 为 Si，Ge，Sn 等）和 $A_8B_{16}C_{30}$（其中 A 为 Sr，Ba，Ca，Eu 等；B 为 Al，Ga，In 等；C 为 Si，Ge，Sn 等）[80-85]。大多数 Clathrate 的热导率较低。近期，Liu 等[86]报道了首例锑基 I 型笼型化合物，其分子式为 $Cs_8M_{18}Sb_{28}$（M＝Cd，Zn）。该工作打破了传统 I 型笼合物骨架原子仅为第Ⅲ、Ⅳ主族元素的化学限制，开辟了 I 型笼合物热电材料研究的新方向，这些新颖的研究结果无疑拓展了热电材料的研究体系。

1.2.2.2　Half-Heusler 化合物热电材料

Half-Heusler 化合物是一种大晶胞金属间化合物，属于 MgAgAs 结构类型，由三套相互贯穿的面心立方亚晶格组成。化学通式用 ABX 表示，其中，A 位元素通常为 Hf，Zr，Ti，Ho，Er，Dy 等；B 位为 Ni，Co，Pd 等；X 位为 Sn，Sb 等。A 位和 X 位原子形成 NaCl 结构，B 位原子占据一半立方体空隙，另一半是空的。Half-Heusler 化合物的价电子数为 8～18，显示半导体特性。

Half-Heusler 化合物作为热电材料的一个重要优势是其构成元素大多丰度较高、性能稳定、不易挥发且毒性较小。其电导率和 Seebeck 系数相对较高，但由于其晶体结构高度对称，热导率也很大。通过掺杂可以有效

地降低热导,提高热电性能。[87-94]

1.2.2.3 金属硅化物

金属硅化物具有熔点较高、环境友好、价格低廉以及抗氧化性好等优点,是一类很有潜力的中高温区热电材料,研究得较多的体系有 Mg_2Si,$FeSi_2$,$MnSi_2$ 等。Mg_2Si 为立方反萤石结构,间接窄禁带半导体,其热导率很高,可以通过元素(Ge,Sn,Sb 等)掺杂来降低热导率[95-99]。Sb 掺杂的 $Mg_2Si_{0.4}Sn_{0.6}$ 固溶体 ZT 值达到 1.1[100]。

β-$FeSi_2$ 也是一类研究的较多的金属硅化物[101-105],向 β-$FeSi_2$ 之中掺入不同杂质元素,可以制成 P 型或 N 型半导体,适合于在 200℃~900℃ 温度范围内工作。但其 ZT 值偏低,850 K 时 N 型 β-$FeSi_2$ 的 ZT 约为 0.4,P 型只有 0.2。另一种较有前景的材料是高锰硅化物 HMS,是由 Mn_4Si_7,$Mn_{11}Si_{19}$,$Mn_{26}Si_{45}$,$Mn_{27}Si_{47}$ 等相组成的非均匀硅化锰材料,其热电性能具有各向异性的特征,ZT 值接近 SiGe 合金的水平[106-109]。$MnSi_{1.7}$ 材料经过适当掺杂 ZT 值可达到 0.7~0.8[110]。

1.2.2.4 氧化物热电材料

氧化物热电材料有制备成本低廉、无污染、可在空气中高温使用等优点。层状结构的过渡金属氧化物特别是钴基金属氧化物是最典型的氧化物热电材料。$NaCo_2O_4$ 的 ZT 值可接近 1[111],但其在空气中易潮解且 Na 元素在高温下挥发严重,更多的研究集中在 $Ca_3Co_4O_9$,$Ca_3Co_2O_6$ 等体系上[112-115]。另外,重掺杂半导化的钙钛矿结构氧化物的热电性能也有较多研究[116-118]。

1.2.2.5 准晶材料

准晶以非周期而有序的原子结构为特征,具有 5 次、10 次等特殊对称性,是晶体和非晶体都不具备的特性。它的 Fermi 面具有大量的小缺口,可利用温度变化或缺陷破坏这些小缺口,进而改变 Fermi 面的形状,从而提高材料的 Seebeck 系数。如准晶 $Al_{71}Pb_{20}Re_9$ 的 Seebeck 系数随温度的升高而增大,在 500 K 时达到峰值,并且其 Seebeck 系数远大于其他晶态 Al 基合金,通过掺杂第四种元素,可进一步提升准晶材料的 Seebeck 系数[119]。同时准晶材料具有低的晶格热导率,通常热导率比普通合金低两个数量级以上,且样品质量越好,结构越完善,其热导率就越低,对 ZT 值的提升非常有利。另外,准晶材料有很宽温度适应性,Seebeck 系数和电导率随温度的升高而增大,而热导率随温度的升高平缓的增加,这与声子辅助跃迁传导有关。许多准晶,如 AlPbRe(Re 为稀土)二十面准晶等,都具有多孔状结构,这个结构也有利于降低材料的热传导。研究发现 ZnMgRe 和 TaTe 准晶系可能为有前途的热电材料[120, 121]。除热电性能外,准晶还具有许多其他的优良物性,如耐腐蚀、抗氧化、高硬度、热稳定等,有利于材料的在不同环境中长期服役。

1.2.2.6 有机热电材料

随着有机化学与加工工艺学的飞速发展,有机材料尤其是高分子材料已渗透到社会生活的各个领域,有机热电材料也引起人们日益广泛的关注。与无机热电材料相比,有机热电材料的优势有:① 热导率低,通常小于 1 $W·(m·k)^{-1}$;② 在低温条件下电输运性能较好,可以填补无机热电材料在适用温区上的空缺;③ 合成加工工艺廉价,可以方便地加工成各种形状。目前已有研究的有机热电材料主要有小分子有机导体和导电高分子两大类。

小分子有机导体通常为两种或多种共轭有机小分子的复合物,由电子给体分子(Lewis 碱)和电子受体分子(Lewis 酸)组成。四氰代对二亚甲基苯醌(TCNQ)和四硫富瓦烯(TTF)分别是典型的有机电子受体和给体分子。两者的复合物 TCNQ-TTF 具有金属电导特性[122]。这类有机电荷转移复合物通常具有显著的导电各向异性,在低温时有较高的电导率和 Seebeck 系数[123,124]。但这类材料机械性能太差,热稳定性差且毒性较高,在热电材料领域关注已越来越少。目前,有机热电材料的研究主要集中在以聚苯胺、聚吡咯和聚噻吩为代表的导电高分子上。

1.3 高分子热电材料研究进展

目前,绝大多数热电材料的研究工作集中在无机半导体材料,对高分子热电性能研究的报道相对较少。与无机半导体热电材料相比,共轭高分子热电材料的 ZT 值通常要低得多,且通常不能在高温下使用,但也有热导率低、在低温条件下电输运性能较好、易于合成与加工等优势。

聚乙炔是最典型的共轭聚合物,其电导率接近于铜,但由于其制备条件苛刻,且抗氧化能力和环境稳定性差,不仅制约了其实用化,也给实验室研究带来很大困难。而聚苯胺、聚吡咯、聚噻吩及其衍生物合成相对简单、环境稳定性较好,发展十分迅速,目前已成为导电聚合物的主要品种,它们自然也成为研究共轭高分子热电性能的主要载体。目前聚苯胺和聚噻吩及其衍生物的热电性能研究最多。

1.3.1 聚苯胺(PANi)结构、合成方法与热电性能概述

1977 年,Alan J. Heeger 等发现聚乙炔薄膜经掺杂后电导率增加了 9 个数量级,掀起了世界范围内导电聚合物的研究热潮[125]。其实关于导电高分子合成的报道远早于这一发现。早在 1862 年就有阳极氧化合成"苯胺黑(Aniline black)"的报道并观察到电致变色特性,但当时并没有测试它的电导率[126]。直到 1985 年 MacDiarmid 等在盐酸溶液中用过硫酸铵

(APS)氧化聚合得到绿色聚苯胺粉末,测得其电导率达到 3 S·cm^{-1}(发表于 1986 年)[127]。

PANi 的分子结构较复杂,MacDiarmid[127,128]提出了被广泛接受的苯式-醌式结构单元共存的 PANi 结构模型(图 1-3(a)),规整的 PANi 是一种由还原单元和氧化单元头-尾连接的线形高分子。图 1-3(a)中 y 值($0 \leqslant y \leqslant 1$)表征聚苯胺的还原程度,不同的 y 值对应于不同的结构、组分、颜色和电导率。当 $y=1$ 时为全还原态(leucoemeraldine,LEB),全苯式结构(图 1-3(b));$y=0$ 时为全氧化态(pernigraniline,PEN),苯/醌交替结构(图 1-3(c));而 $y=0.5$ 时为中间氧化态(emeraldine base,EB),苯/醌比为 3(图 1-3(d))。

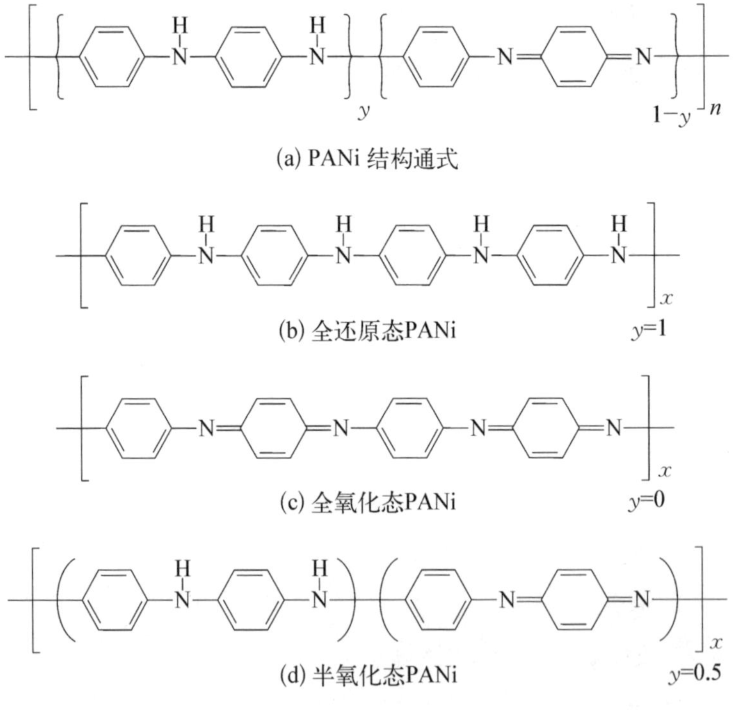

(a) PANi 结构通式

(b) 全还原态 PANi $y=1$

(c) 全氧化态 PANi $y=0$

(d) 半氧化态 PANi $y=0.5$

图 1-3　PANi 的分子结构

在石墨、碳纳米管以及石墨烯等碳材料中,大量共轭 π 键形成两维的导电网络,离域 π 电子的存在使得材料具有良好的导电性。而本征态的聚乙炔、全氧化态聚苯胺、聚吡咯、聚噻吩等共轭聚合物中尽管存在导电的共轭 π 电子,但其结构在一维方向上排列,由于 Peierls 不稳定性[129],其电导率仍然很低。为了提高一维体系的导电性,需要对该体系另外进行掺杂。

PANi 是一种典型的可通过质子掺杂(proton doping)实现高电导率的导电高分子[127]。通常认为 $y=0.5$ 的中间氧化态(EB)通过质子酸掺杂电导率可以达到最大。如图 1-4 所示,在掺杂过程中分子链上的电子总数不变,掺杂剂的质子附加在主链上,质子所带的电荷在共扼链上延展开来,从而可以使中间氧化态 PANi(EB)转变为电导率较高的翠绿亚胺盐(ES)[127]。在碱和酸的作用下,可以反复的进行脱掺杂和再掺杂。除了质子掺杂外,PANi 也可通过氧化还原反应转移电荷实现 P 型或 N 型掺杂[130]。PANi 的光引发掺杂(photo-induced doping)也有报道[131, 132]。

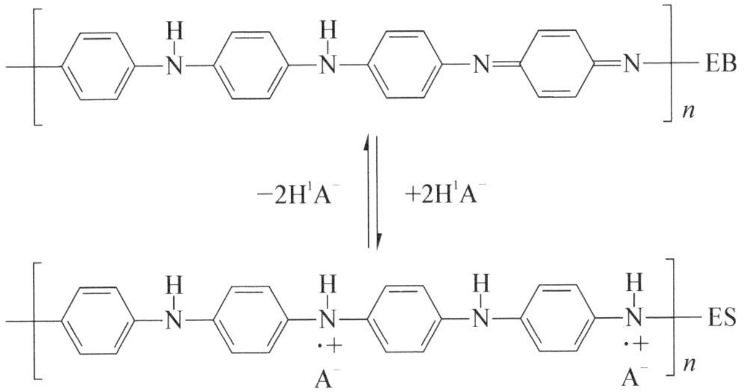

图 1-4 PANi 的质子掺杂示意图

常见的 PANi 合成方法有电化学聚合法和化学氧化聚合法。电化学聚合法是指苯胺单体在阳极上氧化聚合生成 PANi 聚苯胺薄膜或粉末。PANi 的电化学聚合通常在酸性电解液中实现,以得到电导率较高的翠绿亚胺盐(ES)。PANi 的化学氧化聚合优势是过程简单,适于批量生产,目前为止是生产 PANi 的主要商业方法。比较常用的氧化剂有过硫酸铵

$((NH_4)_2S_2O_8$,APS)、三氯化铁($FeCl_3$)、重铬酸钾($K_2Cr_2O_7$)、过氧化氢(H_2O_2)和高锰酸钾($KMnO_4$)等。过硫酸铵由于不含金属离子、氧化能力强而应用较广。化学氧化聚合通常在酸性环境下进行,以帮助苯胺溶剂化、避免支化产物生成,同时通过原位掺杂获得导电性较高的PANi。除以上两种方法外,还有一系列PANi的聚合技术得到发展,如光化学引发聚合[133,134]、酶催化聚合[135,136]、利用电子受体的聚合[137,138]以及机械化学聚合[139]等。

在众多导电聚合物中,PANi可能是研究最多、应用最广泛的一种。同样,人们也习惯于将PANi作为代表来研究共轭高分子的热电性能。Mateeva等[140]于1998年报道了不同质子酸掺杂PANi的电导率和Seebeck系数之间的关系,发现随着质子酸浓度增加,PANi的电导率上升但Seebeck系数随之下降,单纯提高掺杂程度难以获得较高的功率因子。而Shakouri等[141]研究认为随着掺杂率的增加,聚合物的Seebeck系数降低,但功率因子仍然保持增大。刘军[142]等研究了合成方法对PANi热电性能的影响,认为将HCl溶液中合成的原始掺杂态PANi经去掺杂—再掺杂处理可获得更好的热电性能。得到的PANi电导率先随着温度的增加而增加,当温度高于某一值时,由于脱掺杂的影响,使得掺杂率下降,电导率随温度的增加而降低,而Seebeck系数随温度的变化趋势与电导率的相反。Yao等[143]将樟脑磺酸(CSA)掺杂PANi用间甲酚处理进行二次掺杂,处理后的PANi为纳米纤维状结构,功率因子比颗粒状PANi的高了20倍,认为可能是由于纤维状PANi中分子排列的有序度大大增加从而导致载流子迁移率增加的缘故。Sun等[144]用β-萘磺酸(β-NSA)为模板剂合成PANi纳米管结构,与没有特殊形貌的PANi(先合成PANi再用β-NAS掺杂)相比,电导率和Seebeck系数均有提高而热导率下降。

另外,PANi薄膜的热电性能也有很多研究。Mateeva等[140]将质子酸掺杂PANi制成薄膜,发现拉伸后平行于拉伸方向的电导率和Seebeck系数都明显增加。Yan 等[145]同样发现机械拉伸可提高 PANi 的热电性能，CSA 掺杂 PANi 薄膜的电导率和 Seebeck 系数均随着拉伸比增大而增大，并呈现明显的各向异性，平行于拉伸方向上薄膜载流子的迁移率随拉伸比增大而增大，室温下功率因子比拉伸前增加一个数量级，认为拉伸可使 PANi 分子链排列的有序度增加提高载流子迁移率，从而同时提高电导率和 Seebeck 系数。

1.3.2 聚 3,4-乙撑二氧噻吩(PEDOT)的结构、合成方法与热电性能概述

聚噻吩是另一类典型的共轭高分子，单体如图 1-5(a)所示。噻吩的氧化电位较高，在氧化聚合过程中很容易生成过氧化噻吩，且分子结构不规整，容易出现 α-β 和 β-β 偶合，降低分子的共轭程度，使其电性能劣化严重。尽管使用金属催化剂可以合成较规整的聚噻吩，但聚合物不溶不熔，加工特性很差。通过接入烷基或烷氧基侧链(单体如图 1-5(b))可以降低氧化聚合电位、提高聚合物分子溶解性和加工性。聚烷基和烷氧基噻吩的电性能与分子侧链的排列密切相关，侧链无规则排列的聚合物电导率非常低，通常采用过渡金属辅助交叉偶联的方法合成侧链规整排列的单取代聚烷基和烷氧基噻吩，但工艺复杂，成本相对较高。

20 世纪 80 年代后期，德国 Bayer AG 公司实验室开发出一种新型的聚噻吩衍生物：聚 3,4-乙撑二氧噻吩(PEDOT)，其单体如图 1-5(c)。这种聚合物具有单体氧化电位较低的优势，易于合成，且避免了聚噻吩和聚烷基噻吩主链上不希望出现的 α-β 和 β-β 偶合。PEDOT 具有电导率高、透明性好、环境稳定性强等优点，在许多方面得到商品化应用，特别是在电解电容器、抗静电涂层、锂离子电池

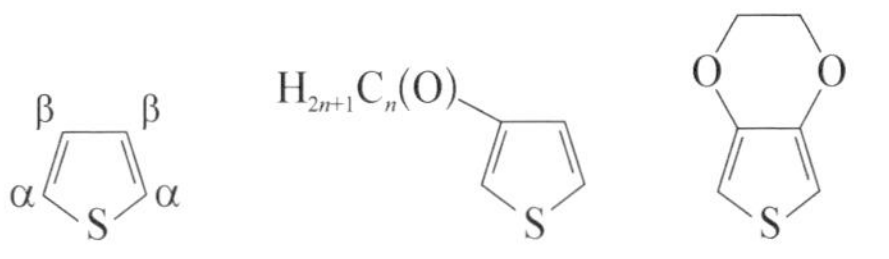

(a) 噻吩　　(b) 3-烷(氧)基噻吩　　(c) 3,4-乙撑二氧噻吩

图 1-5　聚噻吩的化学结构

等领域有着广泛的应用[146]。

PEDOT 的合成方法主要有化学氧化聚合、电化学氧化聚合、固态聚合法和过渡金属辅助交叉偶联聚合。$FeCl_3$ 和对甲苯磺酸铁($Fe^{III}(OTs)_3$)是常用的化学氧化引发剂[147],用 $Fe^{III}(OTs)_3$ 为引发剂,咪唑为对应 Lewis 碱得到不溶不熔的 PEDOT 薄膜,洗涤后电导率达到 550 S·cm^{-1}[148,149]。溶解性的问题可以通过在氧化合成过程中加入聚电解质——聚磺化苯乙烯(PSS)作为电荷平衡掺杂剂的方式解决。Bayer 公司开发出一种名为 BAYTRON P 的化学氧化聚合法[150],把 PEDOT 溶解在 PSS 水溶液中,用 $Na_2S_2O_8$ 作为氧化剂,得到一种黑蓝色的 PEDOT：PSS 水溶液分散体系,其分子结构如图 1-6 所示,此反应可以在室温下进行。这种 PEDOT：PSS 具有很好的成膜性,较高的电导率和透明性,较高的机械强度,在 100℃以下有很好的环境稳定性。电化学聚合 PEDOT 的优势在于聚合时间短,单体需求量少,可以得到电极支撑或自支撑的薄膜,电解液可使用聚电解质的水溶液或乳液介质[151-153]。固态聚合法是采用 PEDOT 的 α-卤代衍生物单体升温直接聚合,得到的聚合物薄膜一般有较好的结晶性[154]。过渡金属辅助交叉偶联聚合法更多用于合成规整的单取代聚烷基噻吩,也可用于合成 PEDOT,Yamamoto 等采用这种方法制得中性的 PEDOT[155,156]。

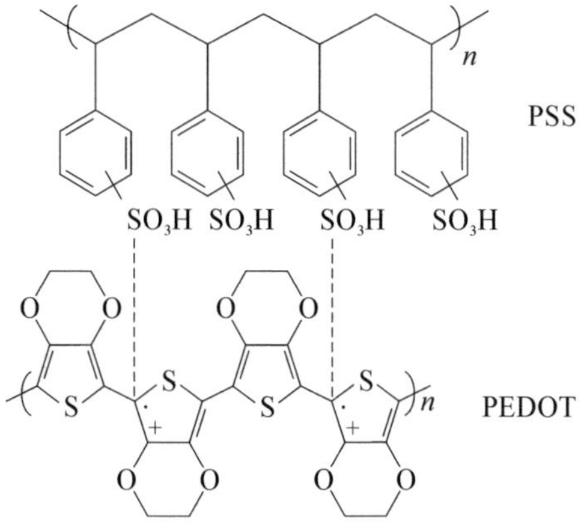

图 1-6 PEDOT：PSS 的化学结构

一般重掺杂的 PEDOT 有较高的载流子浓度（$>10^{20}\,\text{cm}^{-3}$），作为一种典型的非简并共轭高分子，掺杂态的 PEDOT 通过极化子或双极化子导电（图 1-7）。各种极化子所带电荷相当于 1 个或 2 个电子，这些载流子可看成分子链上共轭电子的集体行为，同时掺杂剂形成吸附在高分子链上带电的对离子。极化子的体积较大，迁移率较低，因此聚合度对电导率的影响通常不大，没有明显的证据表明提高聚合度使得聚合物电导率增加。

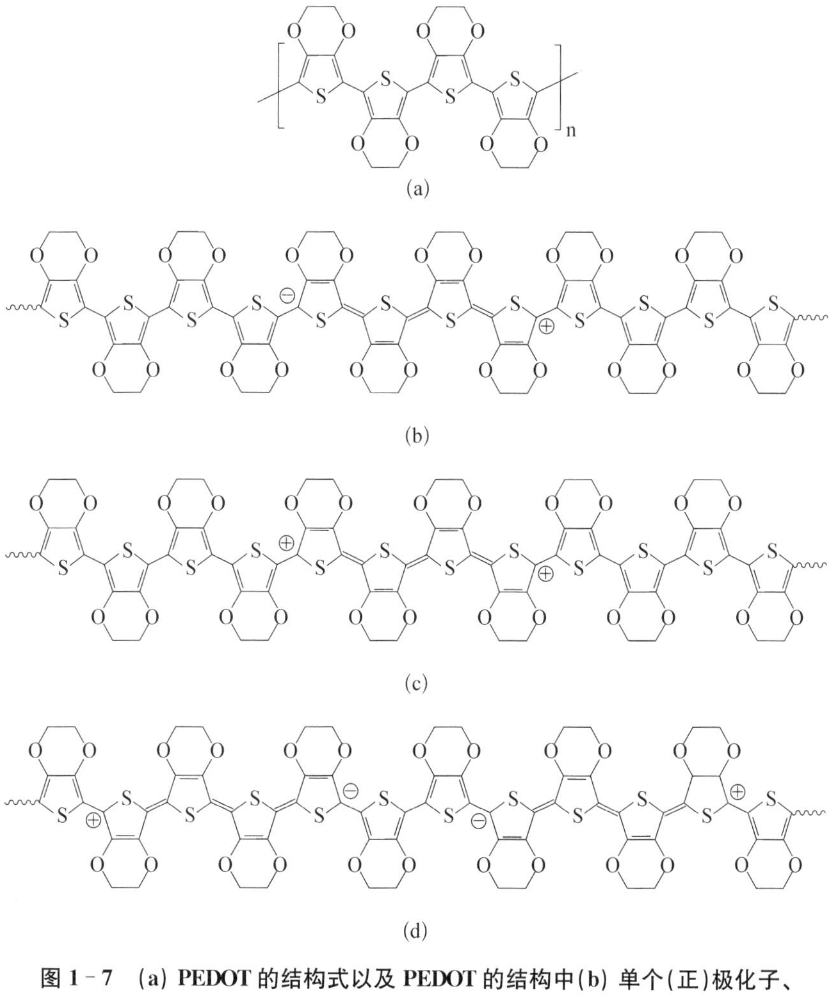

图 1-7　(a) PEDOT 的结构式以及 PEDOT 的结构中 (b) 单个（正）极化子、(c) 单个（正）双极化子和 (d) 两个（正）双极化子的示意图

近年来,PEDOT 和 PEDOT：PSS 在热电领域引起广泛关注。Jiang 等[157]研究 PEDOT：PSS 的热电性能。在 PEDOT：PSS 水溶液中加入少量 DMSO 或 EG,烘干成粉末并冷压成块体,ZT 值约为 10^{-3}。随后 Liu 等[158]制备了 DMSO 和 EG 掺杂的 PEDOT：PSS 自支持膜,ZT 值提高到为 10^{-2}。Bubnova 等[159]用甲苯磺酸铁(Fe(Tos)$_3$)溶液氧化 EDOT 得到 Tos 掺杂的 PEDOT 薄膜,用3ω法测得薄膜的热导率约为0.37 W·(m·k)$^{-1}$。在用 TDAE 蒸汽处理得到不同氧化掺杂程度的 PEDOT 薄膜。通过调节合适的氧化掺杂程度,PEDOT 的室温 ZT 值可达 0.25,已接近用于制备器件的水平,如图1-8所示。

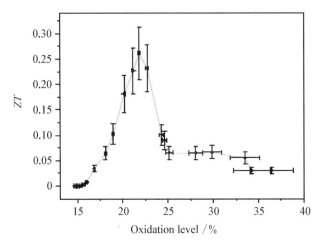

图1-8 不同氧化程度 PEDOT-Tos 薄膜的室温 ZT 值
(假设薄膜的热导为 0.37 W·(m·k)$^{-1}$)[159]

1.4 提高热电材料性能的技术手段

根据热电性能优值 ZT 与材料的宏观物理参量 α,σ 和 κ 间的关系,可以看出提高热电材料热电性能参数主要有以下几种途径：① 寻找具有较高的Seebeck系数的材料;② 提高材料的电导率;③ 降低材料的热导率。从技术上说,除了探索新型的热电材料以外,更多的研究工作集中在对现有热电材料进行元素掺杂(填充),使材料低维化以及复合材料等方面。

1.4.1 元素掺杂和填充

掺杂可以说是贯穿材料科学研究的永恒主题,通过元素掺杂和填充往往可以提高热电材料的Seebeck系数、降低热导率。对于传统热电材料的各种元素掺杂研究一直没有停止,在开发出新的热电材料体系后通常也会首先想到通过掺杂进一步提升热电性能,这里不再赘述。

1.4.2 材料低维化

目前,块体材料的ZT值很难超过2,而低维热电材料提供了一个显著增加ZT值的可能。低维材料具有与块体材料显著不同的物理特性,当材料的特征尺寸与光波波长、载流子的德布罗意波长等物理特征尺寸相当或更小时,晶体的周期性边界条件将被破坏,导致各种物理特性呈现新的小尺寸效应。低维材料包括零维的纳米颗粒(量子点)、一维的纳米线和两维的纳米薄膜及超晶格薄膜。

对于传统三维晶体材料,α,σ和κ是互相关联的三个变量,都是载流子浓度和温度的函数,ZT值的提高受到限制。当材料的尺寸达到纳米尺度时,电子状态密度发生很大变化,随着纳米化及降低材料的维数,有可能导致α,σ和κ可以独立变化,从而优化某一个参数就可以提高材料的热电性能。主要体现在:① 增加费米能级附近状态密度,使载流子的有效质量增加,从而导致Seebeck系数的增大;② 增加了势阱壁表面声子的边界散射,同时又并不显著地增加表面的电子散射,从而在降低材料的热导率的同时并不降低材料的电导率;③ 当满足量子约束条件时,在载流子浓度不变的情况下,可显著增大载流子的迁移率。

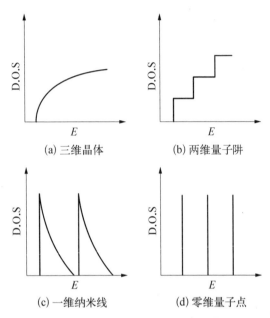

图1-9 不同维度材料态密度与能量关系

  两维的薄膜材料可以获得比相应块体材料更好的热电性能。例如，460 K时普通的β-Zn_4Sb_3块体ZT值约为0.3，而厚度为349 nm的β-Zn_4Sb_3溅射薄膜ZT值却高达1.2[160]。化学法制备Bi_2S_3薄膜和Bi_2Se_3薄膜也报道有高于相应块体材料的电输运性能[161,162]。

  两维超晶格量子阱结构可以进一步提升材料的热电性能。Hicks等[163]对二维层状Bi_2Te_3模型的热导率做了理论计算,表明随材料叠层厚度的减少,材料的热导率大大降低,且随着量子阱阱宽的减小,ZT值单调增大。若能制成纳米厚度且各层晶体取向不同的纳米级超晶格,该材料的ZT值将比相应的块体材料提高10倍。Venkatasubramanian等[164]将Bi-Te基合金制备成纳米级的超晶格薄膜Bi_2Te_3/Sb_2Te_3,在300 K时ZT值达到2.4。Harman等[165]用分子束外延法将Bi掺入N型PbSeTe/PbTe量子点超晶格,在550 K时材料的ZT值达到3。2006年,Hi-Z Technology公司[166]报道使用P型B_4C/B_9C,N型Si/SiGe量子阱薄膜,当热端温度为520 K时,得到14%的转换效率,相当于材料的 ZT 值达到4.1。

纳米线和超晶格纳米线可进一步提高态密度,对更低维度结构理论计算表明,一维纳米结构具有更好的热电性能。理论研究和实验表明,Bi 纳米线[167,168]和 Bi-Sb 纳米线[169,170]有优于常规块体材料的热电性能。块体 Si 材料在 300 K 时 ZT 仅为 0.01,但 Hochbaum 等[171]研究发现直径为 50 nm 左右的 Si 纳米线的热导率比块体材料下降了大约 100 倍,而 Seebeck 系数和电导率与块体材料相近,在室温下的 ZT 值达到 0.6。Boukai 等[172]发现通过改变 Si 纳米线尺寸大小和改变掺杂水平,可将 ZT 值提升到块体材料的 100 倍,在 200 K 时 ZT 值大约为 1,Si 纳米线热电性能的提高主要是由于声子散射导致热导率降低引起的。

量子阱超晶格薄膜,超晶格纳米线结构能够大幅度提高材料的热电性能,从长远来看,低维热电材料的研究也顺应了电子器件的小型化、微型化发展趋势。但是目前这些低维热电材料通常涉及磁控溅射、分子束外延、化学气相沉积、高压注入、激光熔融等复杂昂贵的工艺,其性能测量的准确性也没有得到广泛认可,过高的成本和漫长的工艺限制了它的发展。所以,目前更多的研究转向设法在块体材料中引入纳米组元来提高材料的热电性能。纳米组元在块体材料中产生大量的晶界,一方面,由于晶界对声子的散射比对载流子的散射更强,由晶界引起的热导率下降远比电导率的下降要多;另一方面,纳米结构引起的量子限域效应也能提高材料的 Seebeck 系数。通常有两种方法在块体材料中引入纳米组元:一种是掺杂材料在合成过程中原位析出纳米第二相,最有名的例子是 2004 年 Hsu 等报道的在制得的 $AgPb_mSbTe_{m+2}$ 块体材料中发现了量子点结构,在 700 K 时 ZT 值达到 1.7[36];第二种是直接将纳米结构混入主体材料粉末中进行热压或放电等离子体烧结(SPS)等手段烧结成型得到微纳复合材料。Zhao 等[173]将 Bi_2Te_3 纳米管加入 Bi_2Te_3 微米粉中热压成型,发现与常规熔炼样品相比,电导率升高而热导率显著下降。

1.4.3 材料复合

通过复合增强现有材料的某一性能是一种常见的方法,因此,人们同样期望通过设计制造复合材料来提高热电性能。但是,根据散射理论方法计算得到的理论结果显示,通过两种或多种物质的简单复合来提高热电性能是不可取的,要通过复合增大 ZT 值,获得"1+1>2"的复合效果需要在复合过程中增加特殊界面效应、纳米尺寸效应等其他因素[174]。如前面所述的合成微纳复合材料。

另一方面,材料复合也是综合设计新材料的重要方法。在实际应用当中往往需要综合考虑材料的各方面特性。对于热电材料来说,除了尽可能高的 ZT 值以外,材料的服役特性、合成原料来源、制造成本以及环境影响都是需要考虑的因素。因此,在一些场合通过制备新型复合材料以牺牲少量热电性能为代价来提升材料的性价比也具有很大的现实意义。

与传统无机热电材料相比,高分子材料具有合成成本低、加工性好以及热导率低的优点。但目前为止,纯高分子的 ZT 值仍远远低于传统无机热电材料,所以人们往往考虑在聚合物机体中引入无机相制备复合材料来提高热电性能。Hostler 等[175]将 10 nm 左右的 Bi 纳米颗粒引入樟脑磺酸(CSA)掺杂的 PANi 中,但与纯 PANi 相比复合材料的电导率、Seebeck 系数和热导率都只有少量提升,热电性能没有明显提高。Zhao 等[176]采用机械球磨法制备了 $Bi_{0.5}Sb_{1.5}Te_3$ - PANi 共混复合材料,但复合材料的 Seebeck 系数比 $Bi_{0.5}Sb_{1.5}Te_3$ 低 10%。随着复合材料中 PANi 含量的增加,电导率急剧下降,功率因子降低。Liu 等[177]采用原位聚合分别制备了 $NaFe_4P_{12}$ 纳米线- PANi 复合材料,PANi 生长在 $NaFe_4P_{12}$ 表面形成纳米刷结构。Yakuphanoglu 等[178]将双壁碳纳米管(DWNT)加入 N 型电导的硼酸掺杂 PANi(PANi - B),当 DWNT 的含量从 1 wt% 增至 8 wt% 时,电导率从 $10^{-4} S \cdot cm^{-1}$ 增至 $10^{-3} S \cdot cm^{-1}$,但同时 Seebeck 系数下降。Meng

等[179]采用多壁碳纳米管阵列为模板,制备 CNT-PANi 复合薄膜,电导率和 Seebeck 系数均随碳纳米管的含量增加而上升,最大功率因子为 5×10^{-6} W·(m·k)$^{-1}$。Yao 等[180]原位合成单壁碳纳米管-PANi 复合材料,同样发现随着碳纳米管含量提高,Seebeck 和电导率都有很大提高,功率因子比纯 PANi 提高两个数量级,ZT 值达到 0.004。

商品化的 PEDOT:PSS 具有较高的电导率和良好的加工性,常作为基体用于制备有机-无机复合热电材料。Kim 等[181]将碳纳米管加入 PEDOT:PSS 中,发现电导率显著提升,而 Seebeck 系数没有明显变化。Yu 等[182]将单壁碳纳米管加入 PEDOT:PSS 中干燥形成自支持复合膜,功率因子达到约 160 μW·m^{-1}·K^{-2}。Zhang 等[183]将 Bi_2Te_3 粉末加入 PEDOT:PSS 中,复合材料的功率因子达到 70 μW·m^{-1}·K^{-2}。See 等[184]原位合成 PEDOT:PSS 包覆的 Te 纳米棒,溶液浇注成膜后 ZT 值达到 0.1(图 1-10)。

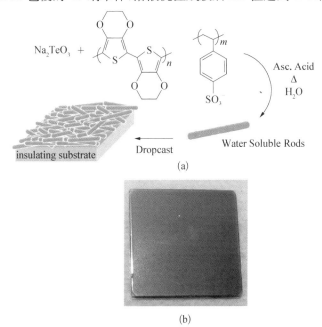

图 1-10 (a) PEDOT:PSS 包覆 Te 纳米棒的合成过程及浇注成膜示意图,
(b) PEDOT:PSS 包覆 Te 纳米棒浇注成膜的实物照片[184]

1.5 主要研究内容

本书主要围绕低维材料和有机-无机复合材料的化学合成及热电性能展开研究。与无机热电材料相比,以共轭高分子为核心的有机热电材料研究起步较晚,性能也远低于传统无机热电材料,通过原位合成或修饰得到有机-无机纳米复合热电材料是本书研究的重点。

第2章主要介绍一种温和条件下碲化物(PbTe,SnTe和Ag_2Te)薄膜的化学溶液沉积方法,并进一步发展亚稳态溶液旋涂法制备薄膜工艺。合成薄膜的同时可得到化合物半导体纳米颗粒。

第3章介绍一种碱性水溶液/CCl_4界面同步合成去掺杂聚苯胺基复合粉体,如PANi-PbTe,PANi-Ag_2Te,PANi-Ag_2Se以及PANi-Bi,并研究这些复合粉末冷压后的热电性能。

第4章研究部分去掺杂态聚苯胺衍生物纳米结构的合成、修饰及热电性能。采用原位聚合得到聚对苯二胺-碳纳米管以及聚萘胺-碳纳米管复合材料并研究其热电性能。采用软膜板法合成聚对苯二胺纳米线和聚萘胺纳米管,并尝试用PbSe和Bi_2Se_3纳米颗粒修饰来提升热电性能。

第5章研究聚3,4-乙撑二氧噻吩(PEDOT)基纳米复合材料和合成及热电性能。采用Pickering乳液聚合法、界面法、原位合成等方法合成PEDOT-PbTe,PEDOT-Bi_2S_3,PEDOT-Ag,PEDOT-Cu和PEDOT-碳纳米管等复合粉末,得到的粉末冷压成块体并研究热电性能。

第 2 章
化学溶液法合成硫族化合物半导体薄膜

2.1 概　述

许多理论和实验结果都显示低维材料的许多特性与相应块体材料有很大差异。其中,零维量子点和一维纳米线(阵列)的合成已有很多研究,但是性能测试比较困难,离实际应用也还有很大的距离。二维的薄膜材料在平面上连续,性能测试相对容易,目前在许多领域已实现产业化并应用于日常生活。其中硫族化合物薄膜在热电、光电、存储器件等方面有广阔的应用,对其合成和热电性能的研究已有许多报道。

目前已有硫族化合物薄膜的制备方法可以归纳为气相沉积法和液相沉积法两大类。

气相沉积法以真空技术为基础,主要的优势在于制备的薄膜杂质较少,可以很好地控制薄膜的组成、微结构以及结晶程度。气相沉积总体可分为物理气相沉积(PVD)和化学气相沉积(CVD)。真空蒸镀是最典型的物理气相沉积技术,就是在真空下把固体材料加热到足够高的温度,使固体蒸发并使蒸发材料的蒸气在较冷的基片上凝结成膜的方法。另外,还可以用直接给膜材通电或将激光束聚焦到膜材的方法实现加热蒸发。

化学气相沉积可利用原材料在熔点或蒸发时发生分解或化合反应得到与原材料成分和结构不同的薄膜,并可以较理想的控制薄膜的成分配比和掺杂程度。在化学气相沉积基础上进一步发展起来的金属有机化合物气相沉积(MOCVD)采用金属有机化合物为原料,高温下蒸发、热解,从而在基底上外延生长薄膜。溅射法是利用高能射束轰击靶材将能量传递给沉积分子,使沉积分子"溅出"并沉积到基片上的镀膜方法。磁控溅射技术是其中的典型代表,就是利用带有电荷的粒子在电场中加速后具有一定动能的特点,将离子引向被溅射的靶电极。在离子能量合适的情况下,入射的离子将在与靶表面的原子的碰撞过程后使后者溅射出来。这些被溅射的原子带有一定动能,沿着一定方向射向基片,从而实现在基片上薄膜的沉积。此外,还有更新的分子束外延、热壁外延等方法,但设备也更加昂贵。

与气相沉积法相比,液相沉积法具有设备简单、成本低廉、沉积速度较快等优点。它主要包括浸涂法、电化学法和化学溶液沉积法。浸涂法是一种物理涂覆方法,就是将已合成好的微纳米粉体分散在溶剂中形成悬浮液或乳液,再浸涂在基片上的方法。电沉积技术广泛应用于金属和半导体薄膜的制备,其优点是工艺成本低廉、不需要高温、高真空和等离子,沉积过程可控,可以使用多种形状和大小的基片等;其缺点在于必须使用导电的基板。目前,电化学技术可以做到精细控制沉积,用于制备纳米级多层结构和超晶格结构。

化学沉积法较之电化学沉积法更为简单廉价,且不需要导电的基片。将基片浸泡在相应的沉积液中,通过改变溶液成分配比和温度可以大体上控制薄膜的成分、结构、沉积速率和性能。但总体来说,化学沉积法是在亚稳态的溶液中实现的,由于没有外加能量,化学沉积法完全依靠体系内部化学势驱动,因此沉积体系的选择相对苛刻,对沉积薄膜的成分和结构调控也非常困难。目前化学沉积薄膜只在有限的体系中实现。许多硫族化合物薄膜可以通过化学沉积来合成,其中,硫化物和硒化物的化学沉积有较多研究。硫化物尤其是硫化铅的化学沉积已有许多报道[185-188],但是大多数硫化物不适合用于热电领域,对沉积薄膜热电特性的表征不多。Liufu 等[161,189]用化学自组装的方法在硅片上生长了 Bi_2S_3 薄膜,该薄膜有很高的载流子迁移率,热电性能也优于 Bi_2S_3 块体材料。硒化物中,PbSe,(Sb,Bi)$_2$Se$_3$ 等都是常见的热电材料体系。Gorer 等[190]使用 3 种不同的络合剂:柠檬酸钠、氮三乙酸钾和氢氧化钾在玻璃和金基片上沉积 PbSe 薄膜,通过改变 Pb 含量、pH 值或沉积温度可以得到含球形,方形或六边形晶粒的薄膜,热电性能没有表征。Sun 等[191]通过调节原料和络合剂的比例优化沉积 PbSe 薄膜的热电性能,获得热电性能较好的 P 型热电薄膜。Qiu 等[192]化学沉积了 Bi_2Se_3 薄膜,薄膜由片状晶体交织组成,薄膜显示 N 型电导特性。Sun 等[162,193]同样通过调节各种沉积条件获得不同取向的双层 Bi_2Se_3 薄膜,优化薄膜的电传输性能。

化学沉积过程中,硫化物薄膜的合成通常是利用硫代硫酸盐、硫脲或硫代乙酰胺的缓慢水解释放 S^{2-},再与金属阳离子 M^{n+} 结合;而硒化物薄膜则利用硒代硫酸钠(Na_2SeSO_3,由单质 Se 和过量 Na_2SO_3 在 60℃以上化合生成)水解缓慢释放 Se^{2-},与金属阳离子 M^{n+} 结合,当 M^{n+} 与 X^{2-}(X = S,Se)的浓度超过溶液中的溶解度时,MX 沉淀出来。第二个过程是聚集:薄膜通过在基片上吸附和沉聚胶粒(MX 或 $M(OH)_n$)来增长。如果是金属的氢氧化物被吸附,将进一步与 X^{2-} 反应生成 MX。金属氢氧化物作为反应介质存在于溶液中,有时可以明显的观察到其悬浮在化学沉积液中,但有时即使肉眼看不到悬浮物,金属氢氧化物仍然起到了形成胶粒吸附在基片上的作用。

但是,这种沉积策略应用到沉积碲化物薄膜上却有非常大的困难。一方面,与 Na_2SeSO_3 对应的化合物 Na_2TeSO_3 制备困难且极不稳定,合成后迅速分解沉淀,不能用于化学镀膜;另一方面,尽管一些极性溶剂如液氨、胺类以及二甲基甲酰胺(DMF)等可以溶解和歧化 Te,但它需要保持较高温度,只能用于合成碲化物纳米颗粒,无法实现化学镀膜。因此,碲化物薄膜的化学溶液沉积几乎没有报道。本章主要发展一类新的碲化物薄膜的化学溶液沉积方法,与前述硫化物和硒化物的沉积机理不同,碲化物薄膜通过在亚稳态溶液中还原金属亚碲酸盐沉积。

2.2 化学浴合成 PbTe 薄膜

PbTe 材料是 IV-VI 族窄禁带半导体中唯一的离子键化合物,为面心立方结构,各向同性,晶格常数为 0.65 nm,熔点为 917℃,禁带宽度窄,仅为 0.31 eV。PbTe 及 PbTe 基化合物一直是非常重要的中温区热电材料体系。2004 年,Hsu 等[36]报道了 Ag 和 Sb 掺杂的 PbTe($AgPb_mSbTe_{m+2}$)块体热电材料的 ZT 值在 700 K 时达到 1.7,引起世界广泛关注。Harman 等[165]用分子束外延法将 Bi 掺入 N 型 PbSeTe/PbTe 量子点超晶格薄膜,在 550 K 时材料的 ZT 值达到 3。除热电材料外,PbTe 在红外光学及光电器件等领域有广泛的应用,在红外谱段的折射率高达 5.5,在目前能实际使用的红外镀膜材料中是最高的,它的短波吸收限 3.4 mm,薄膜的透明波段宽,可延伸至 50 mm 甚至 100 mm。同时,PbTe 与 ZnS,ZnSe 等低折射率材料膜层有良好的应力配合,可使膜层的牢固度好,光学性质稳定。PbTe 薄膜还用作大窗口波长为 3～5 mm 的红外发射和接收器件,以及用于制作红外传感器件和红外滤波器件。

许多方法被用于 PbTe 薄膜的制备,如真空蒸镀[194-197]、脉冲激光蒸镀[198]、磁控溅射[199]、分子束外延[200]、热壁外延[201, 202]、电化学沉积[203-205]等。本节主要介绍新的 PbTe 薄膜化学浴沉积工艺以及 PbTe-PbS 复合膜制备工艺。

2.2.1 化学浴同步合成 PbTe 薄膜与纳米颗粒

将原料 1 mmol Pb(CH_3COO)$_2$·3H_2O,1 mmol TeO_2,20 mmol KOH, 2 mmol 柠檬酸钠(TSC)和 8 mmol KBH_4 依次加入装有 50 mL 蒸馏水的烧杯中,用磁力搅拌仪连续搅拌直至完全溶解,形成无色透明的澄清溶液。取出磁转子,加水至 200 mL。将一片载玻片先放入无水乙醇中超声波清洗 15 min,再用去离子水清洗若干次后放入溶液中作为沉积薄膜的基片。载玻片在溶液中倾斜放置,与烧杯底约成 30°角。约 12 h 后,溶液变为黑色,在烧杯内壁以及载玻片上沉积了一层银灰色金属光泽的薄膜(图 2-1)。载玻片向上一侧

图 2-1 沉积薄膜的实物照片

沉积的薄膜很疏松,可用蘸有草酸(0.1 mol·L^{-1})的棉棒擦去,而向下一侧沉积的薄膜附着较牢固,保留做进一步表征。溶液继续静置 12 h,杯底有黑色沉淀生成。将生成产物用去离子水和无水乙醇交替多次洗涤至中性,放入真空烘箱中 70℃保温 8 h 干燥,得到黑色粉体。

样品的物相组成及晶体结构采用 Bruker D8 Advance 型 X 射线衍射仪进行分析表征。测试条件如下:铜靶,工作电压为 40 kV,电流为 40 mA,扫描速率为 6°/min,采集步长为 0.02°。收集粉末采用 Hitachi H-800 型透射电镜(TEM)观测粉末样品的形貌和尺寸,并用 X 射线能谱仪(EDS)分析样品的元素组成。进行透射电镜测试前在无水乙醇中超声分散 15 min 左右,然后将分散好的样品滴于铜网上进行测试。薄膜表面及断面用场发射扫描电镜(FE-SEM,Quanta 200 FEG)观察。

图 2-2(a)和图 2-2(b)分别为烧杯底部沉淀物和沉积薄膜的 XRD 图

谱。图 2-2(a)中所有的衍射峰都与标准图谱(JCPDS 卡片号：77-0246)相对应,说明沉淀物为 PbTe。用 Scherrer 公式 $d = k\lambda/w\cos\theta$(d 为平均粒径、k 为 Scherrer 常数(0.9)、λ 为 X 射线波长(0.154 06 nm)、θ 和 w 分别为衍射峰位置及半峰宽)计算得沉淀物平均粒径为 21 nm。薄膜的 XRD 衍射图谱(图 2-2(b))有很高的背底,低角度的非晶包来自玻璃基片,在 2θ = 27.5°, 39.3°和 64.4°三处的衍射峰与标准图谱(JCPDS 卡片号：77-0246)吻合,表明沉积的薄膜为 PbTe。

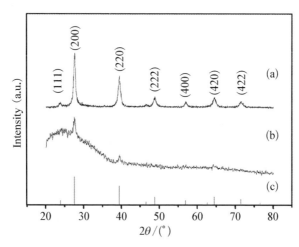

图 2-2 (a) 沉淀物与(b) 薄膜的 XRD 图谱,以及(c) PbTe 的标准图谱(JCPDS 卡片号：77-0246)

烧杯底沉淀物的透射电镜照片如图 2-3(a)所示。沉淀物由形貌均一的纳米颗粒组成,颗粒尺寸约 25 nm,与 XRD 计算结果一致。能谱分析图 2-3(b)表明颗粒由 Pb 和 Te 两种元素组成,原子比约为 1∶1,Cu 信号来自支持样品的铜网。

场发射扫描电镜照片(图 2-4(a)和图 2-4(b))表明沉积的 PbTe 薄膜致密均匀,由纳米颗粒组成。断面的照片(图 2-4(c))显示薄膜厚度约为 1 μm。

两个对比实验用来推测 PbTe 薄膜的形成机理：第一个实验不加入 $Pb(CH_3COO)_2 \cdot 3H_2O$,没有得到薄膜,只在烧杯底有少量沉淀,经 XRD

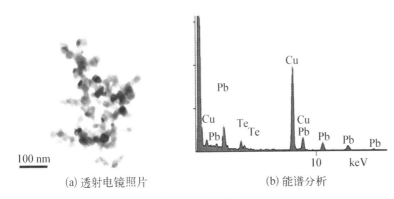

(a) 透射电镜照片　　　　　　　(b) 能谱分析

图 2-3　沉淀物

(a) 表面低倍　　　　　　　(b) 表面高倍

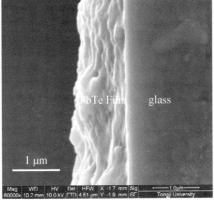

(c) 断面

图 2-4　沉积薄膜的场发射扫描电镜照片

检测为单质 Te,说明室温下碱性溶液中 TeO_2 可被 KBH_4 还原为 Te 但不能被还原为 Te^{2-}。第二个实验用单质 Te 代替 TeO_2,Te 不溶于该碱性溶液,经过较长时间体系没有变化,说明 $Pb(CH_3COO)_2$ 不能被 KBH_4 还原为单质 Pb。基于以上结果,生成 PbTe 的反应历程推测如下:

$$Pb^{2+} + 3OH^- \Longrightarrow HPbO_2^- + H_2O \quad (2-1)$$

$$TeO_2 + 2OH^- \Longrightarrow TeO_3^{2-} + H_2O \quad (2-2)$$

$$HPbO_2^- + H_2O \Longleftrightarrow Pb^{2+} + 3OH^- \quad (2-3)$$

$$Pb^{2+} + TeO_3^{2-} \Longleftrightarrow PbTeO_3 \quad (2-4)$$

$$2PbTeO_3 + 6BH_4^- \Longrightarrow 2PbTe + 6OH^- + 3B_2H_6\uparrow \quad (2-5)$$

$Pb(Ac)_2$ 和 TeO_2 溶于过量的碱中形成 $HPbO_2^-$ 和 TeO_3^{2-} 离子(式(2-1)式(2-2)),$HPbO_2^-$,TeO_3^{2-} 以及 BH_4^- 都带负电荷,因此,它们之间的反应较为困难。部分 $HPbO_2^-$ 水解为 Pb^{2+}(式(2-3)),并与 TeO_3^{2-} 反应生成 $PbTeO_3$ 胶粒(式(2-4)),$PbTeO_3$ 胶粒被 BH_4^- 还原成 PbTe 核(式(2-5)),式(2-5)不可逆,溶液中 PbTe 核逐渐长大形成纳米颗粒沉入杯底,而附着在基片和烧杯内壁上的 PbTe 核长大形成薄膜。由于反应在室温下进行,PbTe 核的长大较为缓慢,所以薄膜由纳米颗粒组成。加入少量柠檬酸钠作为配合剂有助于提高生成薄膜的质量,不加柠檬酸钠时生成的薄膜较为疏松且容易剥落,但加入更高浓度的柠檬酸钠时对沉积薄膜的品质影响不大。

PbTe 薄膜的室温电导率用四探针 van der Pauw 法测量,值为 $7.14 \ S \cdot m^{-1}$,低于气相沉积法得到 PbTe 薄膜的室温电导率($28 \sim 112 \ S \cdot m^{-1}$)[194],可能是由于纳米颗粒组成的薄膜存在大量界面,对载流子有较强的散射所致。

第 2 章　化学溶液法合成硫族化合物半导体薄膜

本实验室的 Seebeck 系数测试(图 2-5)系统与 Ponnambalam 等的设计基本一致[206]。测试系统中样品的热端与电压表正极相连,因此样品的 Seebeck 系数 α_{sample} 通过式(2-6)进行计算:

$$\alpha_{\text{sample}} = \alpha_{\text{Ni-Cr}} - \alpha_{\text{fit}} \qquad (2-6)$$

其中,$\alpha_{\text{Ni-Cr}}$ 为导线的 Seebeck 系数,常温下约为 21 μV·K^{-1},α_{fit} 为不同温差与对应电动势拟合直线的斜率。

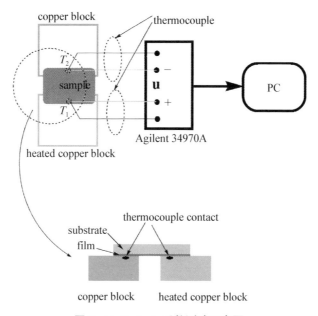

图 2-5　Seebeck 系数测试示意图

图 2-6 为薄膜上两点间的热电势与温差之间的关系,由式(2-6)计算得薄膜的 Seebeck 系数 α_{PbTe} 为 520 μV·K^{-1},表明薄膜为 P 型导电特性,其值大于气相沉积法得到 PbTe 薄膜的室温 Seebeck 系数(200~400 μV·K^{-1})[194],同样是由较强的界面散射引起。计算得 PbTe 薄膜的功率因子为 1.93 μW·m^{-1}·K^{-2},低于气相沉积 PbTe 薄膜的值[194],但考虑到薄膜由纳米颗粒组成,可以期望获得较低的热导率。

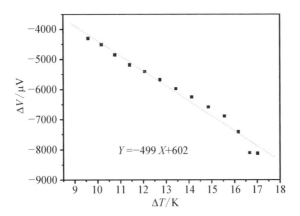

图 2-6 薄膜上两点间的热电势与温差之间的关系

2.2.2 热处理对 PbTe 薄膜形貌的影响

考察热处理对 PbTe 结晶性和形貌的影响,用石英玻璃基片代替载玻片化学溶液沉积 PbTe 薄膜,Ar 气保护环境下分别在 200℃,400℃ 和 600℃条件下热处理 3 h。

图 2-7(a)为常温下石英玻璃片上沉积 PbTe 薄膜的 XRD 图谱,由于石英玻璃片的背底比普通载玻片高很多,图谱中几乎看不到 PbTe 薄膜的

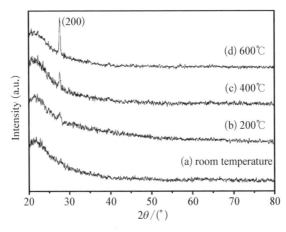

图 2-7 (a) 常温下石英玻璃片上沉积 **PbTe** 薄膜的 **XRD** 图谱,以及
(b) 200℃,(c) 400℃ 和(d) 600℃热处理后的 **XRD** 图谱

衍射峰。图 2-7(b),(c)和(d)分别是 Ar 气保护环境下 200℃,400℃和 600℃热处理后 3 h 后的 XRD,随着热处理温度升高,薄膜的(200)峰逐渐增强,其他位置的衍射峰仍然不明显,说明提高热处理温度使得薄膜结晶更加完善且(200)方向的取向增强。

图 2-8(a),(b)和(c)分别为 Ar 气保护下 200℃,400℃和 600℃热处理后 PbTe 薄膜表面形貌的扫描电镜照片。200℃热处理后(图 2-8(a))表面形貌与处理前(图 2-4(b))相比没有明显变化,晶粒长大不明显,结合 XRD 结果,热处理只提高了组成薄膜颗粒的结晶性。400℃热处理后颗粒

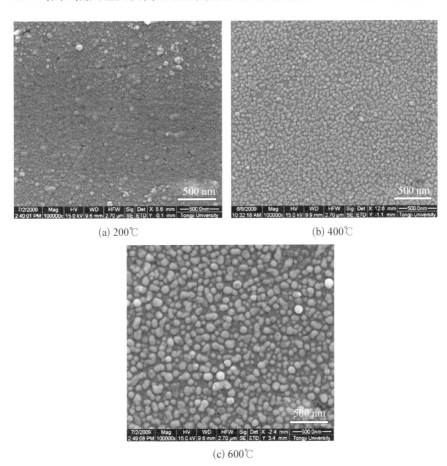

(a) 200℃

(b) 400℃

(c) 600℃

图 2-8 热处理后 PbTe 的场发射扫描电镜照片

形状更加规整,为球形或椭球形,晶粒平均尺寸略有增大,约 40 nm 且尺寸分布更加均一。600℃热处理后的颗粒尺寸显著增加,达到 100 nm。

表 2-1 为不同温度热处理后 PbTe 薄膜的电导率、Seebeck 系数和功率因子。尽管热处理后薄膜结晶性更好,晶粒变大,电导率却没有出现期望的大幅提升,Seebeck 系数比热处理前略有下降。600℃退火后 PbTe 薄膜的电导率下降,可能是由于热处理过程中气密性不够好,薄膜与少量残留氧气生成 $PbTeO_x$($PbTeO_x$ 多为非晶结构,XRD 显示不出),同样原因 Seebeck 系数比 400℃退火的 PbTe 薄膜略有上升。400℃退火的 PbTe 有最大功率因子 2.04 $\mu W \cdot m^{-1} \cdot K^{-2}$,与热处理前相差不大,表明通过热处理不能有效提升 PbTe 薄膜的热电性能。

表 2-1 常温下各样品的电导率、Seebeck 系数和功率因子

样品		电导率 /(S·m^{-1})	Seebeck 系数 /($\mu V \cdot K^{-1}$)	功率因子 /($\mu W \cdot m^{-1} \cdot K^{-2}$)
PbTe	200℃退火	8.57	476	1.94
	400℃退火	11.46	450	2.04
	600℃退火	7.04	422	1.43

2.2.3 化学浴合成 PbTe-PbS 纳米复合薄膜

上述 PbTe 薄膜的化学沉积方法与现有的 PbS 薄膜化学沉积的溶液体系比较匹配,可以用来共沉积 PbTe-PbS 复合薄膜。PbTe-PbS 纳米复合薄膜合成方法如下:将原料 1 mmol $Pb(CH_3COO)_2 \cdot 3H_2O$、20 mmol KOH、不同量的 TeO_2 和硫脲(0.75 mmol TeO_2 + 0.25 mmol 硫脲、0.5 mmol TeO_2 + 0.5 mmol 硫脲、0.25 mmol TeO_2 + 0.75 mmol 硫脲、1 mmol 硫脲)和 8 mmol KBH_4 依次加入装有 50 mL 蒸馏水的烧杯中,用磁力搅拌仪连续搅拌直至完全溶解,形成无色透明澄清的溶液。取出磁转子,加水至 200 mL。将一片载玻片先放入无水乙醇中超声波清洗 15 min,

第 2 章　化学溶液法合成硫族化合物半导体薄膜

再用去离子水清洗若干次后放入溶液中作为沉积薄膜的基片。载玻片在溶液中倾斜放置，与烧杯底约成 30°角。约 12 h 后，溶液变为黑色，在烧杯内壁以及载玻片上沉积了一层金属光泽的薄膜。可得到名义组分分别为 $(PbTe)_{0.75}(PbS)_{0.25}$、$(PbTe)_{0.5}(PbS)_{0.5}$、$(PbTe)_{0.25}(PbS)_{0.75}$ 以及 PbS 的复合薄膜。

生成 PbS 的反应机理如下：

$$NH_2CSNH_2 + 3OH^- \Longrightarrow 2NH_3\uparrow + S^{2-} + CO_2 \quad (2-7)$$

$$Pb^{2+} + S^{2-} \Longrightarrow PbS\downarrow \quad (2-8)$$

硫脲在碱性溶液中缓慢生成 S^{2-}（式(2-7)），随后与 $HPbO_2^-$ 缓慢水解生成的 Pb^{2+} 结合生成 PbS(式(2-8))。

图 2-9 为化学浴沉积为不同名义组成 PbTe-PbS 复合材料的表面形貌照片。图 2-9(a)显示纯 PbTe 薄膜由近似球形的纳米颗粒组成，颗粒大小约 40 nm；图 2-9(b)显示 $(PbTe)_{0.75}(PbS)_{0.25}$ 薄膜颗粒略微变大，基本保持球形，部分颗粒出现棱角；图 2-9(c)显示 $(PbTe)_{0.5}(PbS)_{0.5}$ 薄膜基本由方形的纳米颗粒组成；图 2-9(d)中 $(PbTe)_{0.25}(PbS)_{0.75}$ 薄膜方形的纳米颗粒的棱角更加清晰，但尺寸变化不大；图 2-9(e)纯 PbS 的照片，PbS 薄膜由接近 500 nm 的方形颗粒组成。造成形貌差异的原因分析如下：PbTe 的成核速度较快，但生长较慢，结晶较差，因此，PbTe 薄膜由近似球形的纳米颗粒组成；PbS 则相反，成核困难而生长较快，结晶度高，晶粒呈立方结构，沉积纯 PbS 薄膜时几乎没有生成粉末沉淀，全部生长在基片和烧杯壁上。沉积复合薄膜时，PbTe 在基片上优先成核，随后 PbS 快速在 PbTe 核上生长，随着硫脲浓度增加，PbS 生长加快，结晶更好，因而晶粒更接近立方形，但由于 PbTe 在基片上成核密集，PbS 生长空间受限制，因此，$(PbTe)_{0.75}(PbS)_{0.25}$、$(PbTe)_{0.5}(PbS)_{0.5}$ 和 $(PbTe)_{0.25}(PbS)_{0.75}$ 薄膜的晶粒尺寸变化不

图 2-9　化学沉积(a) PbTe,(b) (PbTe)$_{0.75}$(PbS)$_{0.25}$,(c) (PbTe)$_{0.5}$(PbS)$_{0.5}$,
(d) (PbTe)$_{0.25}$(PbS)$_{0.75}$以及(e) PbS 薄膜表面的场发射扫描电镜照片

大。沉积纯 PbS 薄膜时没有 PbTe 形核,PbS 在基片上生长较自由,晶粒尺寸远大于其他复合薄膜。

图 2-10 为化学浴沉积为不同名义组成 PbTe-PbS 复合材料的 XRD 图谱。图 2-10(a)和(e)分别与 PbTe 标准图谱(JCPDS 卡片号：77-0246)和 PbS 的标准图谱(JCPDS 卡片号：65-9496)对应。图 2-10(b)、(c)和(d)均出现 PbTe 和 PbS 的衍射峰,图中,PbS 的衍射峰多强于 PbTe,表明 PbS 有更好的结晶性。随着复合薄膜中 PbTe 名义组分含量提高,PbS 的衍射峰向低角度移动,表明部分 Te 掺入 PbS 晶胞使得晶胞变大。

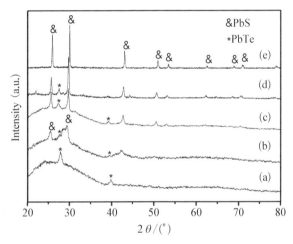

图 2-10 化学沉积(a) PbTe,(b) $(PbTe)_{0.75}(PbS)_{0.25}$,(c) $(PbTe)_{0.5}(PbS)_{0.5}$,(d) $(PbTe)_{0.25}(PbS)_{0.75}$ 以及(e) PbS 薄膜的 XRD 图谱

表 2-2 为不同名义组分 PbTe-PbS 薄膜的常温电导率、Seebeck 系数和功率因子。由于 PbS 的电导率很小,随着反应体系中硫含量增加,薄膜电导率从 7.14 $S \cdot m^{-1}$(PbTe)下降到 0.066 $S \cdot m^{-1}$(PbS),而 Seebeck 系数从 520 $\mu V \cdot K^{-1}$(PbTe)增加到 2 611 $\mu V \cdot K^{-1}$($(PbTe)_{0.25}(PbS)_{0.75}$),PbS 的电阻太大,Seebeck 系数没有被测出。$(PbTe)_{0.25}(PbS)_{0.75}$ 的功率因子达到 16.02 $\mu W \cdot m^{-1} \cdot K^{-2}$,比纯 PbTe 高了近一个数量级。

表 2-2 常温下各样品的电导率、Seebeck 系数和功率因子

样　品	电导率 /(S·m^{-1})	Seebeck 系数 /(μV·K^{-1})	功率因子 /(μW·m^{-1}·K^{-2})
PbTe	7.14	520	1.93
(PbTe)$_{0.75}$(PbS)$_{0.25}$	3.44	1 522	7.96
(PbTe)$_{0.5}$(PbS)$_{0.5}$	3.00	1 993	11.92
(PbTe)$_{0.25}$(PbS)$_{0.75}$	2.35	2 611	16.02
PbS	0.066	未获得	未获得

2.3　化学浴合成 SnTe 薄膜

SnTe 是另一个重要的 Ⅳ-Ⅵ 族半导体化合物，SnTe 和 SnTe 基化合物(如 Sn$_x$Pb$_{1-x}$Te)薄膜可用于红外探测器、发光二极管、红外激光器和热电器件等领域[207,208]。许多方法被用于 SnTe 薄膜的制备，如真空蒸镀[208,209]、化学气相沉积[210]、金属有机化合物气象沉积[207]、分子束外延等[211]。本节利用和沉积 PbTe 相似的方法沉积 SnTe。考虑到 Sn^{2+} 离子有强还原性，能直接将 TeO$_2$ 还原成 Te，无法得到 SnTe，因此，Sn 原料采用四价的液态 SnCl$_4$ 或结晶 SnCl$_4$·5H$_2$O。

将原料 1 mmol TeO$_2$，50 mmol KOH，0.5 mL 液态 SnCl$_4$ 和 10 mmol KBH$_4$ 依次加入装有 100 mL 蒸馏水的烧杯中，用磁力搅拌仪连续搅拌直至完全溶解，形成无色透明的澄清溶液。取出磁转子，加水至 200 mL。将一片载玻片先放入无水乙醇中超声波清洗 15 min，再用去离子水清洗若干次后放入溶液中作为沉积薄膜的基片。载玻片在溶液中倾斜放置，与烧杯底约成 30°角。约 24 h 后，载玻片上沉积了一层浅灰色薄膜(图 2-11)。杯底有黑色沉淀生成。

类似工艺条件下分别加入 PEG 和 PVP 观察表面活性剂对沉积薄膜的影响,表面活性剂的浓度为 0.5 g·L^{-1}。

图 2-12(a)为不加表面活性剂时烧杯底部黑色沉淀物的 XRD 图谱,除 2θ=27.6°的小峰外均与 SnTe 合金的标准谱(JCPDS 卡片号:08-0487)对应,表明沉淀主要为面心立方结构的 SnTe。27.6°小峰对应的少量杂质为单质 Te (JCPDS 卡片号:36-1452)。图 2-12(b),(c),(d)分别对应与不加表面活性剂时、加入 PEG 时和加入 PVP 时沉积薄膜的 XRD 谱。薄膜的 XRD 图谱都有很高的背底来自玻璃基片。2θ=28.3°峰对应于 SnTe 的(200)晶面,表明沉积薄膜主要为 SnTe(JCPDS 卡片号:

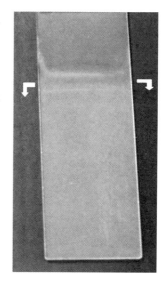

图 2-11 沉积 SnTe 薄膜的实物照片(SnTe 薄膜镀在箭头所指下方区域玻璃基片上)

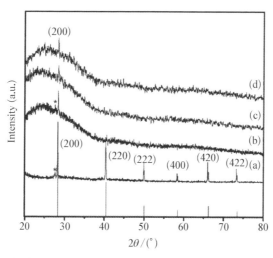

图 2-12 不加表面活性剂时(a) 烧杯底沉淀物和(b) 沉积薄膜的 XRD 图谱,加入(c) PEG 和(d) PVP 时沉积沉积薄膜的 XRD 图谱,SnTe 合金的标准图谱列在最下方(JCPDS 卡片号:08-0487)

08-0487)。不加表面活性剂时沉积的薄膜同样可以看到27.6°的小峰,说明含有较多杂质Te,而图2-12(c)和(d)中27.6°峰消失,说明加入表面活性剂可以阻碍杂质Te的生成。

图2-13(a)为不加表面活性剂时沉积SnTe薄膜的XPS全谱,谱中显示Sn,Te,C和O的特征峰,其中,C和O来自内标和膜表面吸附气体。图2-13(b)显示Sn3d轨道窄谱,486 eV和494.6 eV分别对应于Sn3$d_{5/2}$和Sn3$d_{3/2}$的结合能[212]。图2-13(c)为Te3d轨道窄谱,其中,575.6 eV和

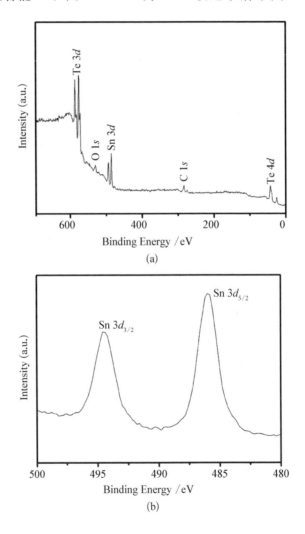

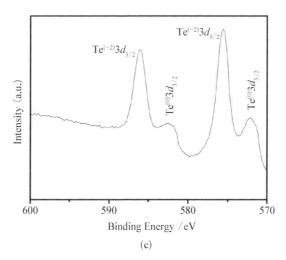

图 2‑13 (a) 不加表面活性剂时沉积 SnTe 薄膜的 XPS 图谱，
(b) Sn3d 和(c) Te3d 处的窄谱

586 eV 对应于 SnTe 中 Te$3d_{5/2}$ 和 Te$3d_{3/2}$ 的结合能[212]；而 572.2 eV 和 582.6 eV 峰对应于单质 Te 中 Te$3d_{5/2}$ 和 Te$3d_{3/2}$ 的结合能[213]。不加表面活性剂时沉积薄膜的 Sn 和 Te 原子比为 1∶1.41，表明有较多 Te 杂质生成；而加入 PEG 和 PVP 后沉积薄膜的 Sn 和 Te 原子比分别为 1∶1.18 和 1∶1.13，Te 杂质含量大大减少，与 XRD 结果一致。

表面活性剂对薄膜的形貌有显著的影响。图 2‑14(a)和(b)显示不加表面活性剂时沉积的薄膜为粗糙的多孔结构，由粒径约 100 nm 的颗粒聚集而成。薄膜厚度约 1.3 μm(图 2‑14(c))。加入 PEG 后沉积的薄膜较致密，但表面有较多突起，由粒径约 25 nm 的晶粒组成，如图 2‑14(d)和(e)所示，厚度约 0.8 μm(图 2‑14(f))。加入 PVP 后沉积的薄膜形貌与前两个明显不同。图 2‑14(g)显示薄膜由棒状结构和纳米颗粒组成。图 2‑14(h)显示纳米棒表面较粗糙，直径约 50 nm，长度超过 500 nm，纳米颗粒尺寸 40~180 nm，薄膜厚度约 1.1 μm(图 2‑14(i))。

两个对比实验用来推测 SnTe 薄膜的形成机理：第一个实验用 $SnCl_2$ 代替 $SnCl_4$ 且不加入 KBH_4，没有得到薄膜，只在烧杯底有少量沉淀，经 XRD

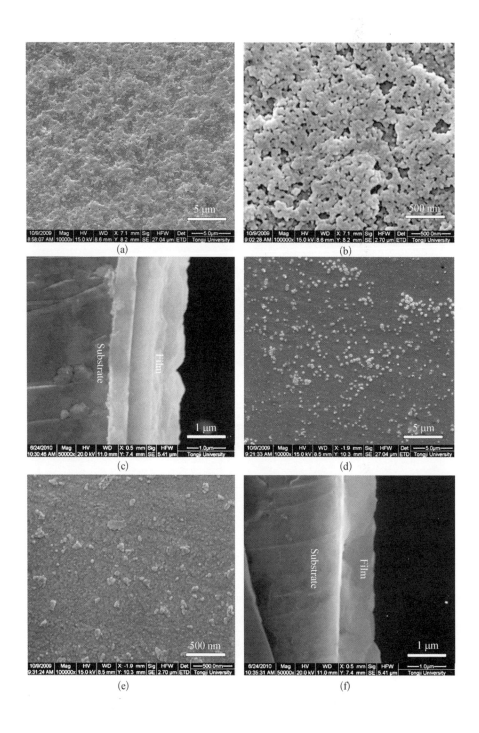

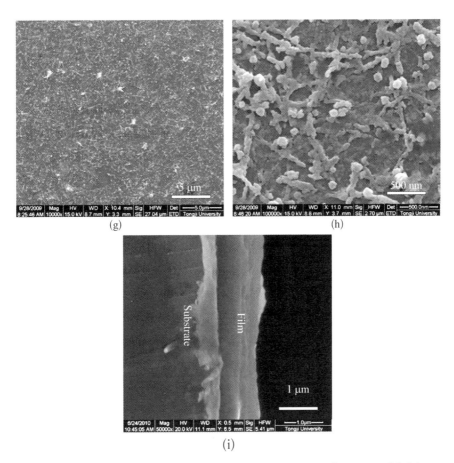

图 2-14 (a),(b),(c) 不加表面活性剂时,(d),(e),(f) 加入 PEG 时和(g),(h),(i) 加入 PVP 时沉积 SnTe 薄膜的场发射扫描电镜照片

检测为单质 Te,说明室温下碱性溶液中 TeO_2 可被 $SnCl_2$ 直接还原为 Te。第二个实验用 $SnCl_2$ 和 Te 为原料,并加入还原剂 KBH_4,Te 不溶于该碱性溶液,经过较长时间体系没有变化,说明 Te 和 Sn^{2+} 不能被 KBH_4 还原为 Te^{2-} 和 Sn。基于以上结果,生成 SnTe 的反应历程推测如下:

$$Sn^{4+} + 5OH^- \Longrightarrow HSnO_3^- + 2H_2O \qquad (2-9)$$

$$TeO_2 + 2OH^- \Longrightarrow TeO_3^{2-} + H_2O \qquad (2-10)$$

$$HSnO_3^- + 2H_2O \Longleftrightarrow Sn^{4+} + 5OH^- \qquad (2-11)$$

$$Sn^{4+} + TeO_3^{2-} \Longleftrightarrow (Sn^{(IV)}TeO_3)^{2+} \qquad (2-12)$$

$$(Sn^{(IV)}TeO_3)^{2+} + 8BH_4^- + 3H_2O \Longrightarrow Sn^{(II)}Te\downarrow + 6OH^- + 4B_2H_6\uparrow + H_2\uparrow$$
$$(2-13)$$

$SnCl_4$ 和 TeO_2 分别溶于过量碱溶液生成 $HSnO_3^-$ 和 TeO_3^{2-} 离子(式(2-9)和式(2-10))。TeO_3^{2-},$HSnO_3^-$ 和 BH_4^- 都带负电荷,因此它们之间的反应较为困难。部分 $HSnO_3^-$ 水解为 Sn^{4+}(式(2-11))并与 TeO_3^{2-} 反应生成 $(Sn^{(IV)}TeO_3)^{2+}$ 胶粒(式(2-12))。$(Sn^{(IV)}TeO_3)^{2+}$ 胶粒被 BH_4^- 还原成 $Sn^{(II)}Te$(式(2-13))并生长为 SnTe 薄膜。反应过程中,部分 TeO_3^{2-} 被还原为单质 Te,如式(2-14)所示:

$$TeO_3^{2-} + 4BH_4^- + 3H_2O \Longrightarrow Te\downarrow + 6OH^- + 2B_2H_6\uparrow + 2H_2\uparrow \quad (2-14)$$

因此,需要加入过量的 $SnCl_4$(0.5 mL,4.3 mmol)抑制单质 Te 的生成。当按照摩尔比 1∶1 加入 $SnCl_4$ 和 TeO_2(1 mmol)时,Te 杂质含量非常高,但过多加入 $SnCl_4$(1 mL,8.5 mmol)则需要更高浓度的碱溶液来溶解,整个溶液变得非常稳定,48 h 后仍没有薄膜生成。

2.4 化学浴合成 Ag_2Te 与 Ag_2Se 薄膜

Ag_2Se 和 Ag_2Te 都是重要的 I-VI 族半导体材料,分别在 406 K 和 418 K 发生相变。高温相 α-Ag_2Se 为体心立方结构,表现金属特性;低温 β-Ag_2Se 为正交晶系,表现半导体特性。相变温度以上,Ag_2Te 为面心立方结构,为快离子导体;低于相变温度时,Ag_2Te 为窄禁带半导体(0.04~0.17 eV),单斜和正交晶系都有报道。[214,215]

Ag_2Se 和 Ag_2Te 薄膜在热电器件、太阳能电池、红外传感器、电化学电容器、相变存储等领域有广泛的应用[216-219]。另外,当 Ag 和 Se(Te)偏离化学剂量比时显示巨磁阻特性,可以应用在磁场传感器上[220-222]。目前有多种合成 Ag_2Se 或 Ag_2Te 薄膜的方法报道,如真空蒸镀[217,220,223,224]、激光闪蒸[218]、化学气相沉积[225]、交替沉积 Ag 和 Se(Te)结合固相反应[226-228]、电化学沉积[219,229]等。以银氨溶液和 Na_2SeSO_3 为原料可以采用化学溶液沉积的方法合成 Ag_2Se[230],但 Ag_2Te 薄膜的化学溶液沉积尚无报道。

2.4.1 化学浴合成 Ag_2Te 薄膜

要想用与合成 PbTe 薄膜类似的方法合成 Ag_2Te 薄膜,需要解决银离子在强碱性溶液中的溶解问题以及在强还原体系中的稳定问题。一方面,银离子可溶于过量氨水形成银氨溶液并可进一步溶于碱性更强的溶液,而且可被弱还原剂(如甲醛)还原生成银镜。但是遇到强一点的还原剂(如水合肼、硼氢化钾等)就会迅速被还原形成淤泥状的固体沉淀,不适合用来镀膜。另一方面,常温下还原碲化物的前驱体需要强还原剂硼氢化钾,制备 PbTe 和 SnTe 时用水合肼代替硼氢化钾 70℃时得不到还原产物。因此,需要找到更有效的络合剂来适应制备 Ag_2Te 薄膜的需要。经过尝试发现,巯基丙酸($HSCH_2CH_2COOH$)可使银离子很好的溶于强碱性溶液且在加入硼氢化钾后保持相对稳定。

具体合成 Ag_2Te 薄膜的方法如下:将原料 2 mmol $AgNO_3$,20 mmol KOH,0.2 mL 巯基丙酸(MPA),1 mmol TeO_2 和 8 mmol KBH_4 依次加入装有 50 mL 蒸馏水的烧杯中,用磁力搅拌仪连续搅拌直至完全溶解,形成无色溶液。取出磁转子,加水至 200 mL。将一片载玻片先放入无水乙醇中超声波清洗 15 min,再用去离子水清洗若干次后放入溶液中作为沉积薄膜的基片。载玻片在溶液中倾斜放置,与烧杯底约成 30°角。约 24 h 后,载玻片上沉积了一层银灰色薄膜,杯底有黑色沉淀生成。同样工艺分别在 50℃

和 70℃ 下沉积 12 h 和 8 h 也可得到薄膜。

薄膜上两点间电阻随时间变化关系的测试通过加热平台外接 Keithley 6517 数字信号源来实现。加热平台用英国 Linkam 公司 TP94 型温度控制系统调节温度,测试过程中测试腔体体内通入 Ar 气保护。

图 2-15 为室温、50℃ 和 70℃ 沉积 Ag_2Te 薄膜的 XRD 图谱。所有的衍射峰都与 Ag_2Te 标准图谱(JCPDS 卡片号：81-1985)对应。图 2-15(a) 有很高的背底,随着沉积温度升高,薄膜的 XRD 更加尖锐,表明提高沉积温度使得薄膜有更好的结晶性。

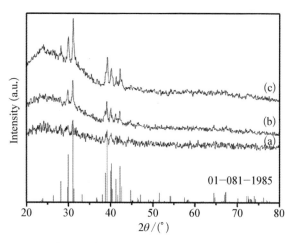

图 2-15 (a) 室温、(b) 50℃ 和 (c) 70℃ 沉积 Ag_2Te 薄膜的 XRD 图谱,以及 Ag_2Te 合金的标准 XRD 图谱(JCPDS 卡片号：81-1985)

图 2-16 为室温、50℃ 和 70℃ 沉积 Ag_2Te 薄膜的场发射扫描电镜照片。图 2-16(a) 显示室温下沉积 Ag_2Te 薄膜表面光滑平整,放大的照片(图 2-16(b))显示薄膜由两种尺寸的颗粒组成,一种约 100 nm,另一种约 15 nm。当沉积温度提高到 50℃,薄膜变得较粗糙(图 2-16(c)),由很多较大的(约 200 nm)颗粒组成(图 2-16(d))。70℃ 沉积的 Ag_2Te 薄膜更加粗糙并出现褶皱(图 2-16(e)),放大的照片(图 2-16(f))显示出现片状的结构。

第2章 化学溶液法合成硫族化合物半导体薄膜

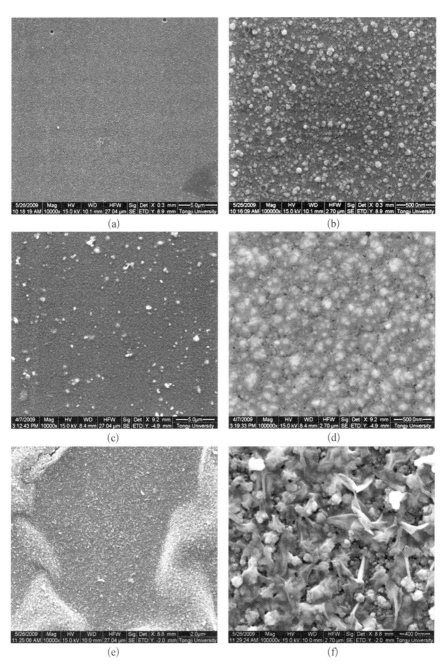

图2-16 (a),(b) 室温下、(c),(d) 50℃以及(e),(f) 70℃沉积
Ag₂Te薄膜表面的场发射扫描电镜形貌

两个对比实验用来推测 Ag_2Te 薄膜的形成机理：第一个实验不加入 $AgNO_3$，没有得到薄膜，只在烧杯底有少量沉淀，经 XRD 检测为单质 Te，说明室温下碱性溶液中 TeO_2 可被 KBH_4 还原为 Te 但不能被还原为 Te^{2-}。第二个实验用单质 Te 代替 TeO_2，沉积得到单质 Ag 薄膜，说明 $AgNO_3$ 被 KBH_4 还原为单质 Ag，但不能进一步与 Te 反应生成 Ag_2Te。基于以上结果，生成 PbTe 的反应历程推测如下：

$$Ag^+ + OH^- \Longrightarrow AgOH \downarrow \qquad (2-15)$$

$$AgOH + xMPA^- \Longrightarrow (Ag \cdot xMPA)^{(x-1)-} + OH^- \qquad (2-16)$$

$$TeO_2 + 2OH^- \Longrightarrow TeO_3^{2-} + H_2O \qquad (2-17)$$

$$2(Ag \cdot xMPA)^{(x-1)-} + TeO_3^{2-} \Longleftrightarrow Ag_2TeO_3 + 2xMPA^- \qquad (2-18)$$

$$Ag_2TeO_3 + 6BH_4^- \Longrightarrow 2Ag_2Te\downarrow + 6OH^- + 3B_2H_6\uparrow \qquad (2-19)$$

Ag^+ 在碱性溶液中生成 AgOH 沉淀后被 MPA 络合生成 $(Ag \cdot xMPA)^{(x-1)-}$ 重新溶解（式(2-15)和式(2-16)），TeO_2 溶于过量的碱中形成 TeO_3^{2-} 离子（式(2-17)）。$(Ag \cdot xMPA)^{(x-1)-}$，TeO_3^{2-} 以及 BH_4^- 都带负电荷，因此它们之间的反应较为困难。部分 $(Ag \cdot xMPA)^{(x-1)-}$ 与 TeO_3^{2-} 反应生成 Ag_2TeO_3 胶粒（式(2-18)），Ag_2TeO_3 胶粒被 BH_4^- 还原成 Ag_2Te 核（式(2-19)），式(2-19)不可逆，附着在基片和烧杯内壁上的 Ag_2Te 核长大形成薄膜。

图 2-17 为室温和 50℃沉积 Ag_2Te 薄膜上两点间电阻随温度变化关系。在较低的温度下（<125℃），室温（25℃）沉积的 Ag_2Te 薄膜电阻远大于 50℃沉积的 Ag_2Te 薄膜，这是由于较低温度下沉积的薄膜结晶程度较差。当测试温度升高，50℃沉积的 Ag_2Te 薄膜电阻缓慢下降，表现为半导体特性，室温沉积的 Ag_2Te 薄膜电阻下降较快，表明随着温度升高薄膜逐

第2章 化学溶液法合成硫族化合物半导体薄膜

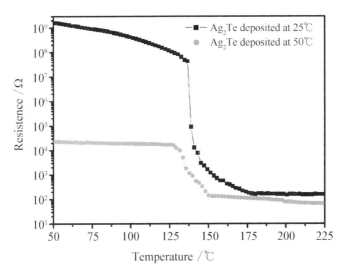

图 2-17 室温和 50℃ 沉积 Ag_2Te 薄膜上两点间电阻随温度变化关系,升温速度 10℃/min

渐晶化。在 131℃ 到 150℃ 之间,50℃ 沉积的 Ag_2Te 薄膜电阻快速从 $10^4\ \Omega$ 下降至 $10^2\ \Omega$,随后继续升高温度,电阻保持平稳。室温沉积的 Ag_2Te 薄膜电阻从 137℃ 时的 $4\times10^7\ \Omega$ 急剧下降到 145℃ 时的 $3\times10^4\ \Omega$,随后继续下降到 175℃ 时的约 $10^2\ \Omega$。

将另一片室温沉积的 Ag_2Te 薄膜在 Ar 气保护下 270℃ 退火 25 min,图 2-18(a) 为退火后 Ag_2Te 薄膜的 XRD 图谱,与退火前(图 2-15(a))相比,结晶程度明显提高。图 2-18(b) 为退火后 Ag_2Te 薄膜的扫描电镜照片,薄膜表面出现尺度达到 1 μm 的较大岛状结晶。图 2-18(c) 为退火后 Ag_2Te 薄膜两点间电阻随温度变化关系,与退火前薄膜不同,在 130℃ 左右电阻上升,幅度较小,在一个数量级以内,150℃ 以上,电阻随温度上升缓慢增加,呈现快离子导体特性,与文献[224]报道一致。在约 145℃ 时,Ag_2Te 发生由单斜 α-Ag_2Te 到面心立方 β-Ag_2Te 的相变。低温 α-Ag_2Te 表现半导体特性而高温 β-Ag_2Te 表现快离子导体特性。通常结晶态 α-Ag_2Te 的电阻略低于 β-Ag_2Te。因此,图 2-17 中 Ag_2Te 电阻的急速下降是由

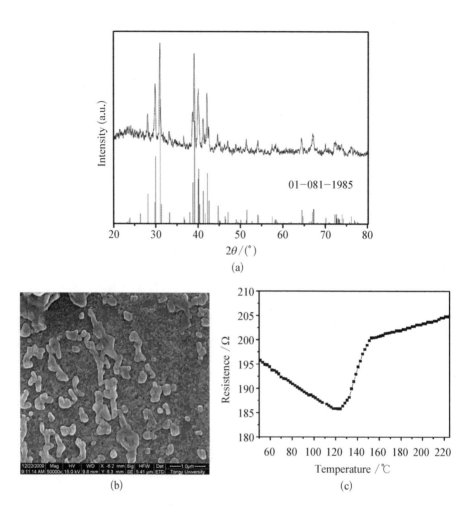

图 2-18 室温沉积 Ag$_2$Te 薄膜 270℃ 热处理后的(a) XRD 图谱和(b) 场发射扫描电镜照片，(c) 室温沉积 Ag$_2$Te 薄膜 270℃ 热处理后两点间电阻随温度变化关系，升温速度 10℃/min

于相变温度附近快速结晶生成 β-Ag$_2$Te 导致。室温沉积的 Ag$_2$Te 薄膜低温/高温电阻比达到 10^6，在相变存储领域表现出一定的应用潜力。

表 2-3 为不同条件下得到 Ag$_2$Te 薄膜样品的室温电导率、Seebeck 系数和功率因子。室温沉积的 Ag$_2$Te 薄膜的电阻太大（图 2-17），没有测出电导率和 Seebeck 系数。随着沉积温度提高，电导率有所增加，70℃ 沉积

Ag_2Te 薄膜的电导率为 2.48 S·m^{-1},远低于块体 Ag_2Te(>10^4 S·m^{-1})[231]。较低的电导率与纳米颗粒组成的薄膜存在大量界面有关。50℃和70℃沉积 Ag_2Te 薄膜的 Seebeck 系数分别为 1 755 μV·K^{-1} 和 1 083 μV·K^{-1},远远高于真空蒸镀 Ag_2Te 的 Seebeck 系数绝对值(50~120 μV·K^{-1})[232]。Seebeck 系数为正,说明样品富 Te(Ag_2Te 的导电类型与成分相关,富 Te 的 Ag_2Te 为 P 型半导体而富 Ag 的是 N 型半导体[233])。70℃沉积 Ag_2Te 薄膜的功率因子(2.91 μW·m^{-1}·K^{-2})高于50℃沉积的薄膜(0.95 μW·m^{-1}·K^{-2}),说明提高沉积温度可获得更好的热电性能。

表 2-3 常温下各样品的电导率、Seebeck 系数和功率因子

样 品		电导率/(S·m^{-1})	Seebeck 系数/(μV·K^{-1})	功率因子/(μW·m^{-1}·K^{-2})
Ag_2Te	室温沉积	未获得	未获得	未获得
	50℃沉积	0.31	1 755	0.95
	70℃沉积	2.48	1 083	2.91
	室温沉积,270℃热处理	10 478	58	35.2

与 PbTe 薄膜不同,热处理可使得 Ag_2Te 的电导率大幅提升,室温沉积 Ag_2Te 薄膜经 270℃热处理结晶性大大提高,使得电导率达到 10 478 S·m^{-1},与块体 Ag_2Te 的电导率值相当,但 Seebeck 系数大幅下降至 58 μV·K^{-1}。热处理后薄膜功率因子达到 35.2 μW·m^{-1}·K^{-2},与为热处理的薄膜相比显著提高。

2.4.2 化学浴合成 Ag_2Se 薄膜

利用类似的工艺,用 SeO_2 代替 TeO_2 也可用来沉积 Ag_2Se 薄膜。

图 2-19 为室温、50℃和70℃沉积 Ag_2Se 薄膜的 XRD 图谱。衍射峰都与 Ag_2Se 标准图谱(JCPDS 卡片号:71-2410)对应。图 2-19(a)背底

较高,随着沉积温度升高,薄膜的 XRD 变尖锐,表明提高沉积温度使得薄膜有更好的结晶性。图中可看出薄膜的(002)和(004)晶面的衍射强度强于其他衍射峰。50℃和70℃沉积 Ag_2Se 薄膜的(002)和(112)衍射强度比 $I_{(002)}/I_{(112)}$ 分别为 2.25,1.63 和 2.39,都远强于标准图谱的数值($I_{(002)}/I_{(112)}=0.089$),表明薄膜在(001)方向取向。

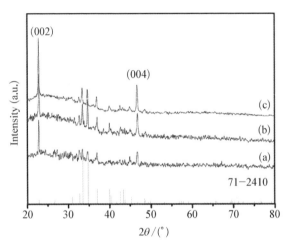

图 2-19 (a) 室温、(b) 50℃和(c) 70℃沉积 Ag_2Se 薄膜的 XRD 图谱,以及 Ag_2Se 合金的标准 XRD 图谱(JCPDS 卡片号: 71-2410)

图 2-20 为室温、50℃和70℃沉积 Ag_2Se 薄膜的场发射扫描电镜照片。沉积的薄膜都很致密。室温下沉积的 Ag_2Se 薄膜由约 80 nm 的颗粒组成;50℃沉积 Ag_2Se 薄膜除了纳米颗粒外还出现了带状结构;70℃沉积 Ag_2Se 薄膜基本由成束的梭状晶粒排列而成。

沉积 Ag_2Se 薄膜的反应机理与 Ag_2Te 薄膜相似,部分反应式如下:

$$SeO_2 + 2OH^- \Longrightarrow SeO_3^{2-} + H_2O \quad (2-20)$$

$$2(Ag \cdot xMPA)^{(x-1)-} + SeO_3^{2-} \Longleftrightarrow Ag_2SeO_3 + 2xMPA^- \quad (2-21)$$

$$Ag_2SeO_3 + 6BH_4^- \Longrightarrow 2Ag_2Se\downarrow + 6OH^- + 3B_2H_6\uparrow \quad (2-22)$$

第 2 章 化学溶液法合成硫族化合物半导体薄膜

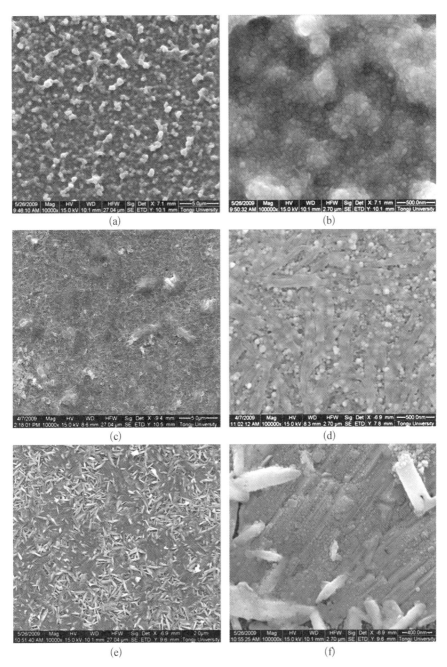

图 2-20 (a),(b) 室温下、(c),(d) 50℃ 以及 (e),(f) 70℃ 沉积 Ag_2Se 薄膜表面的场发射扫描电镜形貌

图 2-21 是室温和 50℃沉积 Ag_2Se 薄膜上两点间电阻随温度变化关系。在较低的温度下(< 110℃)室温沉积的 Ag_2Se 薄膜电阻远大于 50℃沉积的薄膜,与较低温度下沉积的薄膜结晶程度较差有关。当测试温度升高,室温沉积的 Ag_2Se 薄膜电阻下降较快,表明随着温度升高薄膜逐渐晶化。在 110℃到 150℃之间,50℃沉积的 Ag_2Se 薄膜电阻快速从 $4×10^3 \Omega$ 下降约 $10^2 \Omega$,而室温沉积的 Ag_2Se 薄膜电阻从 $2×10^5 \Omega$ 快速下降到 $2×10^2 \Omega$。与 Ag_2Te 相比,Ag_2Se 发生相变的温度较低,因而 Ag_2Se 薄膜电阻剧烈变化出现的温度较低。

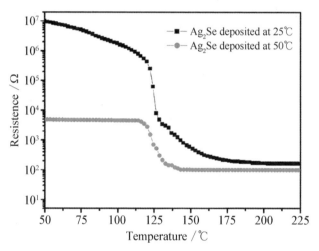

图 2-21 室温和 50℃沉积 Ag_2Se 薄膜上两点间电阻随温度变化关系,升温速度 10 ℃·min^{-1}

表 2-4 为不同条件下得到 Ag_2Se 薄膜样品的室温电导率,Seebeck 系数和功率因子。与 Ag_2Te 薄膜相似,化学沉积的 Ag_2Se 薄膜 Seebeck 系数较大而电导率很低。热处理后 Ag_2Se 薄膜的电导率和功率因子都大大提升,Seebeck 系数变为负值,可能是热处理过程中 Se 元素挥发较多引起的。

表 2-4 常温下各样品的电导率、Seebeck 系数和功率因子

样 品	电导率 /(S·m^{-1})	Seebeck 系数 /(μV·K^{-1})	功率因子 /(μW·m^{-1}·K^{-2})
Ag$_2$Se(室温沉积)	未获得	未获得	未获得
Ag$_2$Se(50℃沉积)	0.49	1 437	1.01
Ag$_2$Se(70℃沉积)	9.71	893	7.74
Ag$_2$Se(室温沉积,270℃热处理)	18 166	−41	30.5

2.5 亚稳态溶液旋涂法制备半导体薄膜

如上所述,化学溶液法可以方便地沉积硫族化合物薄膜,但需要时间相对较长,薄膜厚度控制较困难,且溶液体系对沉积半导体化合物薄膜的普适性不高,通常是特定溶液体系针对特定薄膜的制备,不同体系间匹配性存在很大制约,很难直接利用这种方法对薄膜进行广泛、有效和可控的掺杂。与之比较,传统的溶胶-凝胶旋涂法可以方便地通过匀胶次数来控制薄膜厚度,通过前驱体的成分控制薄膜的成分和掺杂,还可通过使用多种前驱体按不同顺序匀胶制备复杂结构的薄膜及器件。但直到目前,该方法大多用于氧化物薄膜的制备。

基于以上考虑,设计了一种使用亚稳态溶液直接旋涂成膜的方法制备金属或化合物半导体薄膜。基本设计思路为:化学溶液法沉积薄膜是通过亚稳态体系中的能量涨落使得体系平衡在一段时间内缓慢变化形成薄膜;而使用亚稳态溶液旋涂法制备薄膜则是短时间内通过旋涂的机械力作用破坏液滴体系稳定,形成纳米级的新相颗粒,并在旋涂作用下形成平整的薄膜。

制备 Bi 薄膜的方法为:首先将 1 mmol Bi(NO$_3$)$_3$·5H$_2$O,20 mmol

KOH,4 mmol 酒石酸钠($Na_2C_4H_4O_6$)以及 8 mmol KBH_4 溶解于 50 mL 去离子水中,配制成无色透明前驱体溶液;再将新配制的前驱体溶液以 3 000 转/分钟的速度旋涂于 Si(111)基片上,反复多次形成薄膜;最后用去离子水清洗去除薄膜表面附着的 Na^+、K^+ 和 OH^- 离子。

制备 PbTe 薄膜的方法与 Bi 薄膜相似,使用的前驱体溶液是溶解有 1 mmol $Pb(Ac)_2 \cdot 3H_2O$,1 mmol TeO_2,20 mmol KOH 和 16 mmol KBH_4 的 50 mL 水溶液。

制备 Bi_2Te_3 薄膜的方法为:是将 2 mmol $Bi(NO_3)_3 \cdot 5H_2O$,3 mmol TeO_2,40 mmol KOH,8 mmol $Na_2C_4H_4O_6$ 以及 16 mmol KBH_4 溶于 100 mL 去离子水中配成前驱体溶液,多次旋涂于 Si(111)基片上并清洗,最后将得到的薄膜 Ar 气保护下分别在 200℃,350℃和 500℃热处理 5 h。

图 2-22(a)和(b)中除 Si(111)峰外分别与 Bi(JCPDS 卡片号:44-1246)和 PbTe(JCPDS 卡片号:78-1904)的 XRD 标准谱相吻合,表明成功制得 Bi 薄膜和 PbTe 薄膜。图 2-22(a)中 Bi 薄膜的(012)峰强于标准谱,Bi 薄膜的比值($I_{(012)}/I_{(110)}$)为 7.4,高于标准谱的比值($I_{(012)}/I_{(110)} = 3.45$),

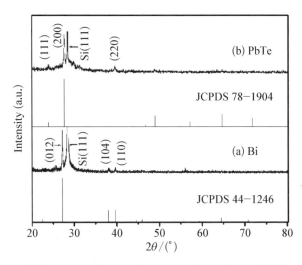

图 2-22 常温下 Si (111)基片上旋涂(a) Bi 和(b) PbTe 薄膜的 XRD 图谱

表明制备的 Bi 薄膜在(012)方向上有取向。而 PbTe 薄膜(200)峰与第二强峰(220)峰的比值为 4.79,高于标准谱的 1.42,表明在(200)方向取向生长。

亚稳态溶液旋涂无法直接在常温下制备 Bi_2Te_3 薄膜,硅片上得到的是单质 Bi 和 Te 的混合物,经过热处理可以通过固相反应生成 Bi_2Te_3。XRD 结果(图 2-23)显示 200℃下处理 5 h 后几乎没有 Bi_2Te_3 生成,350℃热处理后有 Bi_2Te_3 生成,但仍有较多 Bi 和 Te 杂质,500℃处理后反应较完全,形成较纯净的 Bi_2Te_3 薄膜。

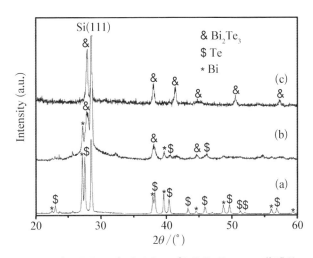

图 2-23　(a) 200℃,(b) 350℃和(c) 500℃热处理 Bi_2Te_3 薄膜的 XRD 图谱

图 2-24 为旋涂得到 Bi,PbTe 和 Bi_2Te_3(500℃热处理)薄膜的场发射扫描电镜照片。图 2-24(a)显示得到的 Bi 薄膜较为平整,表面纳米级宽度的裂缝可能是风干过程中形成的。图 2-24(b)中 PbTe 薄膜表面有树枝状图案,可能是旋涂时离心力作用下部分 PbTe 晶核生长较快造成的。图 2-24(c)显示 500℃热处理后的 Bi_2Te_3 薄膜表面有一些纳米棒结构,直径约 10 nm,长度约 500 nm,可能是热处理时生长不均造成,同样原因,薄膜表面也有较多裂纹。

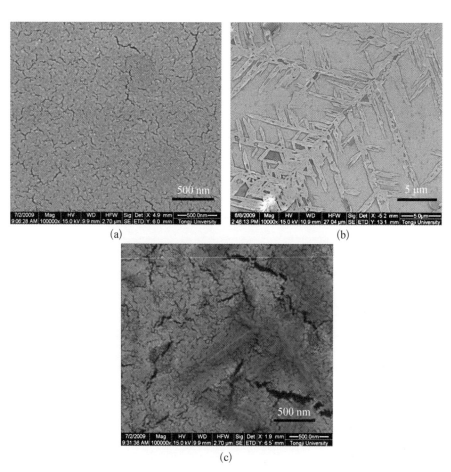

图 2-24 Si(111)基片上旋涂得到(a) Bi,(b) PbTe 和(c) Bi_2Te_3(500℃ 热处理)薄膜的场发射扫描电镜照片

生成 Bi 薄膜的反应机理如下:

$$Bi^{3+} + 2C_4H_4O_6^{2-} \Longrightarrow (Bi \cdot 2C_4H_4O_6)^- \quad (2-23)$$

$$2(Bi \cdot 2C_4H_4O_6)^- + 6BH_4^- \Longrightarrow 2Bi + 4C_4H_4O_6^{2-} + 3B_2H_6 \uparrow + 3H_2 \uparrow$$
$$(2-24)$$

溶液中 Bi^{3+} 的被酒石酸钠络合形成$(Bi \cdot 2C_4H_4O_6)^-$ 离子(式(2-23)),$(Bi \cdot 2C_4H_4O_6)^-$ 与 BH_4^- 离子都带负电荷,可在溶液中相对稳定存在,当

前驱体液滴在硅片上旋涂时,电荷平衡被破坏,$(Bi \cdot 2C_4H_4O_6)^-$离子迅速被还原为单质 Bi 形成 Bi 薄膜(式(2-24))。其他杂质都是溶于水的离子,可用去离子水清洗掉。

生成 PbTe 薄膜的反应机理与前述化学浴沉积 PbTe 的机理相似,不再赘述,不同在于旋涂过程大大加速反应的速率。

对于 Bi_2Te_3 薄膜,当前驱体旋涂于硅片上时,单质 Bi 和 Te 以化学计量比生成(式(2-25))。

$$TeO_3^{2-} + 4BH_4^- + 3H_2O \Longrightarrow Te\downarrow + 6OH^- + 2B_2H_6\uparrow + 2H_2\uparrow$$
$$(2-25)$$

Bi 和 Te 原子在热处理时固相反应生成 Bi_2Te_3 薄膜。

2.6 本章小结

本章首先发展一种新的温和条件下碲化物薄膜的化学溶液沉积方法,采用相应的金属盐和二氧化碲为原料,以硼氢化钾为还原剂在碱性溶液中沉积碲化物薄膜,成功地得到 PbTe, SnTe 和 Ag_2Te 薄膜。通过一些对比实验判断在沉积碲化物过程中在溶液中先生成亚稳态金属亚碲酸盐胶粒,亚碲酸盐被硼氢化钾直接还原为相应碲化物薄膜。得到的 PbTe 薄膜功率因子为 $1.93\ \mu W \cdot m^{-1} \cdot K^{-2}$,通过共沉积 PbTe-PbS 复合薄膜可大大提高 Seebeck 系数和功率因子,名义组分为 $(PbTe)_{0.25}(PbS)_{0.75}$ 样品的功率因子达到 $16.02\ \mu W \cdot m^{-1} \cdot K^{-2}$。室温沉积的 Ag_2Te 和 Ag_2Se 薄膜电导率很低,270℃热处理后电导率大大提升,功率因子分别达到 $35.2\ \mu W \cdot m^{-1} \cdot K^{-2}$ 和 $30.5\ \mu W \cdot m^{-1} \cdot K^{-2}$。

之后,进一步发展一种使用亚稳态溶液旋涂法制备薄膜工艺,用于化学沉积薄膜的亚稳态溶液短时间内通过旋涂的机械力作用破坏液滴体系稳定,在基片上形成纳米级的新相颗粒,并在旋涂作用下形成平整的薄膜。该工艺提高了薄膜沉积的效率,也拓展了薄膜沉积的适用范围。结合热处理工艺,可以得到一些化学沉积暂无法制备的薄膜,如 Bi_2Te_3 薄膜。

本章中所使用的制备化合物半导体薄膜的方法几乎都适用于制备相应的纳米颗粒。这些温和条件下化合物半导体纳米结构的制备方法可以很好地与导电高分子的合成体系相匹配,用于同步合成有机-无机复合材料。

第3章
界面同步合成 PANi 基纳米复合材料及其热电性能

3.1 概　　述

目前,绝大多数关于 PANi 以及其他共轭聚合物的热电性能研究延续了导电性的研究思路,即在通过掺杂使得聚合物获得较高电导率的基础上采取各种辅助手段(二次掺杂、复合、制成薄膜等)来提高材料的电输运特性,根据 Mateeva 等[140]的研究,在去掺杂或低掺杂的状态下共轭高分子有较高的 Seebeck 系数,但电导率较低。另外,Feng 等[234]从理论上预测利用具有高 Seebeck 系数的本征态聚噻吩与导电性好的材料如金属、碳纳米管、导电聚合物等共混有望得到性能优异的热电材料,因此用低掺杂的共轭高分子纳米材料与具有较高电导率的金属或半导体纳米材料复合也是值得尝试的研究方向。

合成方法上,界面聚合是一种非常简便的合成 PANi 微纳米纤维的方法,但通常需要在酸性环境中进行,碱性环境中通常得到的是去掺杂的无定型态聚合物[235]。为了与第2章中介绍了碱性水溶液中化学合成半导体薄膜和纳米粉体的方法相匹配,并以此为基础,本章发展一种碱性水溶液/

四氯化碳界面上同步合成 PANi‑PbTe,PANi‑Ag$_2$Te,PANi‑Ag$_2$Se 以及 PANi‑Bi 纳米复合粉体的方法,并初步研究其冷压后的热电性能。

3.2 PANi‑PbTe 纳米复合材料的合成与热电性能

3.2.1 合成方法

(1) 常温下合成 PbTe 纳米颗粒

将原料 1 mmol Pb(Ac)$_2$ · 3H$_2$O,1 mmol TeO$_2$,20 mmol KOH 和 8 mmol KBH$_4$ 依次加入装有 50 mL 蒸馏水的烧杯中,用磁力搅拌仪连续搅拌直至完全溶解,形成无色透明澄清溶液(溶液 A)。取出磁转子,加水至 100 mL,在常温下静置 24 小时。杯底有黑色沉淀生成。将生成产物用去离子水和无水乙醇交替多次洗涤至中性,放入真空烘箱中 70℃保温 8 h 干燥,得到黑色粉体。

(2) 界面聚合合成 PANi

将 5 mmol 过硫酸铵(APS)和 20 mmol KOH 溶解在 100 mL 去离子水中,另将 0.9 mL 苯胺单体(约 10 mmol)溶解在 50 mL CCl$_4$ 中。两溶液混合形成界面。在室温下静置,随着反应进行上层水相颜色逐渐变深。24 h 后水相变为棕色并在两相界面处有沉淀物产生。沉淀物经收集用去离子水和无水乙醇交替洗涤多次后烘干,得到黑色粉末。

(3) 界面同步合成 PANi‑PbTe 纳米复合颗粒

首先配制 50 mL 溶液 A 待用。将 5 mmol APS 溶解在 50 mL 去离子水中再缓缓倒入溶液 A 中,持续搅拌形成均匀溶液。将其倒入 50 mL 溶有 10 mmol 苯胺单体的 CCl$_4$ 中形成界面。24 h 后界面上有黑色沉淀生成,沉淀物经收集后洗涤烘干得到黑色粉末。

(4) 测试方法

采用 Bruker D8 Advance 型 X 射线衍射仪（XRD，CuK$_\alpha$ 射线，$\lambda=$ 1.540 56 Å）表征粉末的相组成和结构；用 EQUINOXSS/HYPERION2000 型红外光谱仪表征样品的分子结构。采用 Hitachi H-800 型透射电镜（TEM）观测粉末样品的形貌、尺寸及结构等相关特征；采用 JEOL JEM-2100F 型高分辨透射电镜（HRTEM）对样品的高分辨像及晶格相进行分析和表征。粉末样品在进行透射电镜测试前在无水乙醇中超声分散 15 min 左右，然后将分散好的样品滴于铜网上进行测试。

采取干冷压法成型，将粉体装在 $\varPhi$10 mm 模具里，在 10 MPa 左右的压力（单柱液压机）下压制成型。由于冷压块体样品的电阻较大，其电导率采用两端法测量，将样品夹在两个 Cu 电极之间测量电阻，并根据接触面积和厚度计算电导率。Seebeck 系数用电动势随不同温差（5℃～15℃）变化关系拟合直线的斜率求得。

3.2.2 结构与形貌表征

图 3-1 显示合成的 PbTe 与 PANi-PbTe 纳米材料的 XRD 图谱都与 PbTe 标准图谱（JCPDS 卡片号：77-0246）一致。图 3-1(b) 背底较高，与样品中含有 PANi 有关。

图 3-2(a) 和 (b) 分别是样品 PANi 与 PANi-PbTe 的红外光谱，都与去掺杂态 PANi 的红外光谱一致[236]。主要的吸收峰分析如下：3 432 cm^{-1} 峰对应于 N—H 键的伸缩振动，3 266 cm^{-1} 峰对应与氢键振动，1 583 cm^{-1} 和 1 500 cm^{-1} 强峰分别对应于醌环和苯环的伸缩振动，1 298 cm^{-1} 峰对应于苯环上 C—N 键的伸缩振动，1 039 cm^{-1} 峰对应于苯环的面内弯曲振动，856 cm^{-1} 峰对应于 1,4 取代苯环上 C—H 键的面外弯曲振动，738 cm^{-1} 和 697 cm^{-1} 峰显示芳环上存在 1,3-连接和 1,2,3-连接，表明 PANi 含有接枝和支化结构[237]。图 3-2(a) 中 3 272 cm^{-1} 处的强峰对应与 PANi 分子中

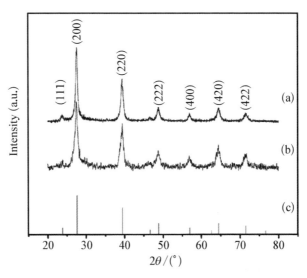

图 3-1 (a) PbTe 和 (b) PANi-PbTe 的 XRD 图谱以及 (c) PbTe 的标准谱 (JCPDS 卡片号: 77-0246)

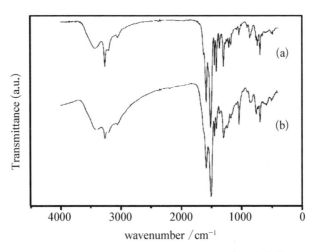

图 3-2 (a) PANi 和 (b) PANi-PbTe 的红外光谱

的氢键,在图 3-2(b) 中该峰强度明显减小,可能与样品中存在 PbTe 有关。由于 PbTe 的振动吸收远小于 PANi,图 3-2(b) 中没有看到 PbTe 的吸收峰。结合 XRD 结果,证实界面法成功得到 PANi-PbTe 复合材料。

图3-3(a)显示溶液法合成的PbTe为立方形纳米晶,大小约为20 nm。形成PbTe纳米晶的反应机理与PbTe薄膜的形成机理类似(式(2-1)—式(2-5)),不再赘述。

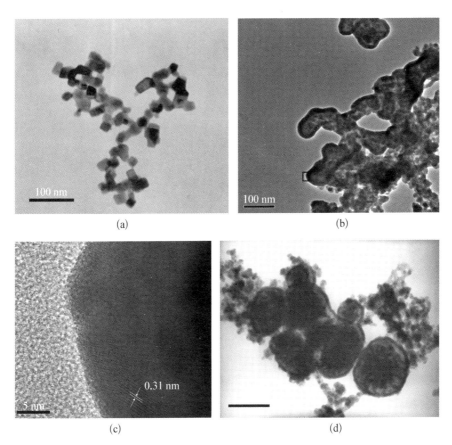

图3-3 (a) PbTe和(b) PANi-PbTe的典型透射电镜照片;(c) 图(b)中方框部分的高分辨透射电镜照片;(d) PANi-PbTe的另一种典型的透射电镜照片

图3-3(b)~(d)显示合成的PANi-PbTe复合纳米粉末存在两种典型的形貌,一种为无规则形态另一种为球形。图3-3(b)为不规则的核壳结构,外部壳层衬度较深而内部衬度较浅。壳层厚度约20 nm,高分辨透射电镜(图3-3(c))显示壳层由结晶纳米颗粒组成,晶面间距为0.31 nm,与立方PbTe的(200)晶面间距一致。图3-3(d)中球形结构大小约为

200 nm,大致分为三层,外壳和核心部分衬度较深而中间层衬度较浅。结合 XRD,FTIR 以及 HRTEM 结果可以判断衬度较深部分为 PbTe 而衬度较浅部分为 PANi。

PANi-PbTe 纳米复合结构的形成机理如图 3-4 所示。反应过程中,

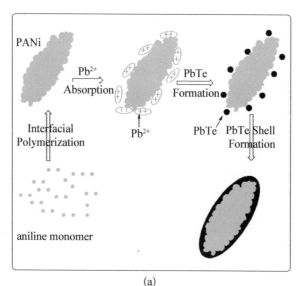

(a)

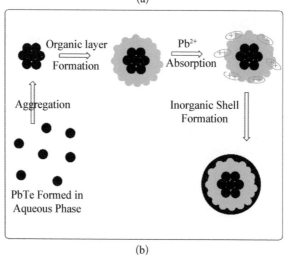

(b)

图 3-4 (a) PANi/PbTe 核壳结构以及(b) PbTe/PANi/PbTe 三层结构的形成机理示意图

PbTe 纳米颗粒在水相中形成而 PANi 在 H_2O/CCl_4 界面上形成，PbTe 生成的速度比 PANi 慢。开始时，生成的 PANi 进入水相，PANi 链上的氨基可以吸附 Pb^{2+}，式(2-4)和式(2-5)在 PANi 胶束表面进行生成 PbTe 核，随后 PbTe 核逐渐长大形成壳层(图 3-4(a))。由于生成的 PANi 粘度较大，形成不规则态的核壳结构。另一方面，PbTe 纳米颗粒可直接在水相中生成并团聚沉到两相界面上，然后被 PANi 包裹，PANi 层表面继续吸附 Pb^{2+} 并最终形成 PbTe 壳层(图 3-4(b))。

3.2.3 热电性能

图 3-5(a)和图 3-5(b)分别为各样品冷压后电导率和 Seebeck 系数随温度的变化关系。各样品的电导率随温度升高而增大而 Seebeck 减小。在测试温度范围内 Seebeck 系数都为正值，表明各样品都是 P 型半导体。PbTe 冷压后的电导率和 Seebeck 系数分别为 $8.2 \sim 13.3 \ S \cdot m^{-1}$ 和 $399 \sim 465 \ \mu V \cdot K^{-1}$。由于冷压的 PbTe 块体由纳米颗粒组成且存在较多孔隙，对载流子形成强烈散射，所以电导率远小于熔融法制得的 PbTe[43]，而 Seebeck 较大。界面法制得的 PANi 电导率非常低($6.53 \times 10^{-5} \sim 2.67 \times 10^{-4} \ S \cdot m^{-1}$)，这是由于碱性溶液中合成的 PANi 为去掺杂态，同样原因，其 Seebeck 系数($69 \sim 153 \ \mu V \cdot K^{-1}$)大于掺杂态聚苯胺($10 \ \mu V \cdot K^{-1}$)[238]。PANi-PbTe 复合材料的电导率为 $1.9 \sim 2.2 \ S \cdot m^{-1}$，略低于 PbTe 但远高于 PANi。与纯 PbTe 和 PANi 相比，PANi-PbTe 复合材料有更高的 Seebeck 系数($578 \sim 626 \ \mu V \cdot K^{-1}$)，可能与复合材料特殊的微结构以及 PANi 和 PbTe 之间特殊的界面有关。图 3-5(c)为各样品的功率因子随温度的变化关系。PANi-PbTe 复合材料的功率因子($0.713 \sim 0.757 \ \mu W \cdot m^{-1} \cdot K^{-2}$)远高于去掺杂的 PANi 冷压后的结果，但仍低于纯 PbTe 冷压后的值($1.77 \sim 2.19 \ \mu W \cdot m^{-1} \cdot K^{-2}$)。

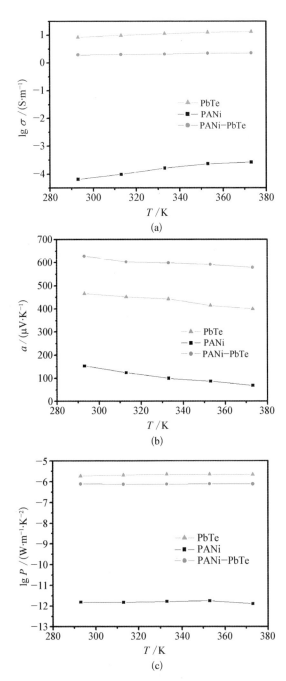

图 3-5 样品 PbTe,PANi 和 PANi-PbTe 的(a) 电导率,(b) Seebeck 系数与(c) 功率因子($\alpha^2\sigma$)随温度的变化关系

3.3 PANi‑Ag_2Te 纳米复合材料的合成与热电性能

3.3.1 合成方法

(1) 常温下合成 Ag_2Te 纳米颗粒

将原料 2 mmol $AgNO_3$,1 mmol TeO_2,20 mmol KOH,0.2 mL 巯基丙酸(MPA)和 8 mmol KBH_4 依次加入装有 50 mL 蒸馏水的烧杯中,用磁力搅拌仪连续搅拌直至完全溶解,形成紫红色溶液(溶液 B)。取出磁转子,加水至 100 mL,在常温下静置 24 h。杯底有黑色沉淀生成。将生成产物用去离子水和无水乙醇交替多次洗涤至中性,放入真空烘箱中 70℃保温 8 h 干燥,得到 Ag_2Te 黑色粉体。

(2) 界面法原位合成 PANi‑Ag_2Te 纳米复合颗粒

首先配制 50 mL 溶液 B 待用。将 5 mmol APS 溶解在 50 mL 去离子水中再缓缓倒入溶液 B 中,持续搅拌形成均匀溶液。将其倒入 50 mL 溶有 10 mmol 苯胺单体的 CCl_4 中形成界面。24 h 后界面上有黑色沉淀生成,沉淀物经收集后洗涤烘干得到 PANi‑Ag_2Te 黑色粉末。

(3) 热导率测试

样品采用激光脉冲测量法测量热导率。激光脉冲测量法是通过一束辐射激光脉冲照射到被测样品的一个表面,入射激光将会被样品表面吸收,引起表面温度升高,从而在样品两侧产生一个温度梯度,从而引起热从被照射面向另一表面传导,使该表面的温度随时间的增加而升高,直至达到平衡。样品的热扩散系数 ν 由式(3‑1)确定:

$$\nu = 0.138\,8\,\frac{d^2}{t_{1/2}} \qquad (3\text{-}1)$$

其中，d 为样品厚度，$t_{1/2}$ 为样品背面温度升高到最高温度一半时所用的时间。

材料最终的热导率 κ 可表示为：

$$\kappa = \nu C_p \rho \qquad (3-2)$$

式(3-2)中 ν 为热扩散系数，C_p 为材料的比热，ρ 为材料的密度。采用 NetzschLFA-427 型激光脉冲仪测量热扩散系数 ν，用 DSC-404 型差示扫描量热仪测量热容 C_p，用阿基米德法测定室温密度 ρ，然后用上述公式计算即可得到样品的热导率。

3.3.2 结构与形貌表征

图 3-6 为合成的 Ag_2Te 与 $PANi$-Ag_2Te 的 XRD 图谱。合成的 Ag_2Te 样品除 38.1°的峰外都与 α-Ag_2Te 合金的标准谱(JCPDS 卡片号：81-1985)对应。Ag_2Te 样品在 38.1°对应于单质 Ag 的(111)峰(JCPDS 卡片号：87-0717)，说明样品中有少量 Ag 杂质。而合成的 PANi-Ag_2Te

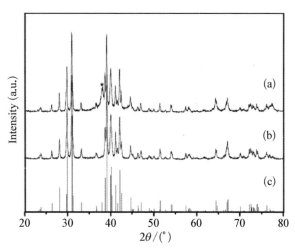

图 3-6 (a) Ag_2Te 和 (b) PANi-Ag_2Te 的 XRD 图谱以及 (c) Ag_2Te 的标准谱(JCPDS 卡片号：81-1985)

样品的 XRD 与 Ag_2Te 合金的标准谱(JCPDS 卡片号:81-1985)对应完全吻合,没有发现 Ag 的杂质峰。

图 3-7 的结果表明 PANi-Ag_2Te 样品的红外光谱与 PANi 对应良好,结合 XRD 结果,证实界面法成功得到 PANi-Ag_2Te 复合材料。

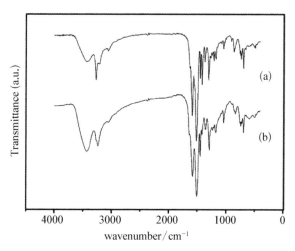

图 3-7 (a) PANi 和(b) PANi-Ag_2Te 的红外光谱

图 3-8(a)显示合成的 Ag_2Te 颗粒尺度约为 50 nm,并有部分团聚。图 3-8(b) EDS 分析表明样品由 Ag 和 Te 组成,Ag∶Te 原子比为 2∶1.1,说明得到富 Te 的 Ag_2Te。图 3-8(b)中的 Cu 信号来自铜网。生成 Ag_2Te 纳米颗粒的反应机理与前述 Ag_2Te 薄膜类似(式(2-15)—式(2-19)),不再赘述。但在反应过程中,有少量 $(Ag \cdot xMPA)^{(x-1)-}$ 能直接被还原为单质 Ag 杂质(式(3-3)):

$$2(Ag \cdot xMPA)^{(x-1)-} + 2BH_4^- \Longrightarrow 2Ag + 2xMPA^- + B_2H_6 \uparrow + H_2 \uparrow$$

$$(3-3)$$

图 3-8(c)显示 PANi-Ag_2Te 复合颗粒为多核的核壳结构,大小为 80~100 nm。右上插图为相应的选区电子衍射(SAED)图样,图样由多晶

的衍射环和非晶环组成,前者对应于与 Ag_2Te,后者来自 PANi。暗场照片(图 3-8(d))中复合颗粒明亮的核区域显示其具有较好的结晶性。结合 XRD,IR,TEM 和 SAED 的结果可以判断内部衬度较深的核为结晶的 Ag_2Te,外部衬度较浅部分为 PANi。Ag_2Te 核由多个纳米颗粒组成,尺度约 10 nm,远小于单独合成的 Ag_2Te,这是由于 Ag_2Te 核形成后迅速被 PANi 包裹,阻止其进一步长大。核壳结构形成过程如下:Ag_2Te 纳米颗粒水相中形成并沉降至两相界面处,被界面上形成的 PANi 包裹形成核壳结构(图 3-9)。总体来看,Ag_2Te 的形成比单质 Ag 的形成更容易,在合

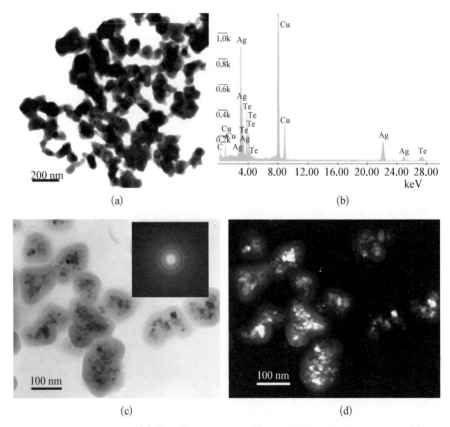

图 3-8 (a) Ag_2Te 透射电镜照片、(b) Ag_2Te 的 EDS 图谱、(c) PANi-Ag_2Te 的透射电镜照片,右上插图为相应的选区电子衍射(SAED)衍射图样,以及 (c) PANi-Ag_2Te的暗场透射电镜照片

成 PANi-Ag_2Te 复合结构时,PANi 的包覆进一步抑制 Ag 的生成,因此图 3-6(b)中未出现 38.1°的 Ag(111)峰。

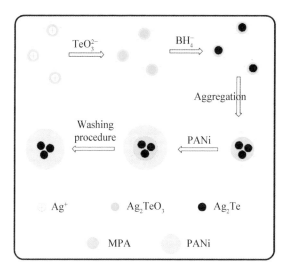

图 3-9　Ag_2Te-PANi 核壳结构的形成机理示意图

3.3.3 热电性能

常温下各粉末样品冷压后的电导率与 Seebeck 系数和热导率如表 3-1 所示。Ag_2Te 冷压后的电导率和热导率分别为 11.2 S·m^{-1} 和 0.792 W·$(m·K)^{-1}$,均小于文献报道 Ag_2Te 块体的值[231,239]。这是由于冷压的 Ag_2Te 样品由纳米颗粒组成,多孔且含有大量界面,对载流子和声子散射较强。Ag_2Te 样品的 Seebeck 系数为 213 μV·K^{-1},是 P 型半导体,与文献[231]报道(N 型,α=-128 μV·K^{-1})不同。Ag_2Te 的导电类型与成分相关,富 Te 的 Ag_2Te 为 P 型半导体而富 Ag 的是 N 型半导体[233]。文献[231]中生成富 Ag 的 Ag_2Te 是由于热处理过程中 Te 容易挥发,而本书中化学反应合成 Ag_2Te 时,出现少量 Ag 杂质,而原料按化学计量比加入,因此,得到的 Ag_2Te 富 Te(如图 3-8(b) EDS 结果所示)。杂质 Ag 同样具有正的 Seebeck 值[52]。Ag_2Te 样品 Seebeck 系数的绝对值高于文献报道值,这与尺寸效应有关。Ag_2Te-PANi 复合材料的电导率为 4.3 S·m^{-1},略低于 Ag_2Te 但远高于 PANi($6.53×10^{-5}$ S·m^{-1})。Ag_2Te-PANi 复合材料的 Seebeck 系数为 251 μV·K^{-1},高于纯 PbTe 和 PANi 的值,可能与 PANi 和 Ag_2Te 之间的界面效应有关。同样,Ag_2Te-PANi 复合材料的热导率(0.387 W·(m·K)$^{-1}$)低于纯 PbTe(0.792 W·(m·K)$^{-1}$)和 PANi(0.556 W·(m·K)$^{-1}$),表明无机热电纳米颗粒分散在共轭高分子基体中可进一步降低热导率。Ag_2Te-PANi 复合材料的 ZT 值为 $2.09×10^{-4}$,略高于 Ag_2Te 的 ZT 值($2.00×10^{-4}$)。

表 3-1 常温下各样品的电导率与 Seebeck 系数和热导率

样 品	电导率 /(S·m^{-1})	Seebeck 系数 /(μV·K^{-1})	热导率 /(W·(m·K)$^{-1}$)
Ag_2Te	11.2	213	0.792
PANi	$6.53×10^{-5}$	153	0.556
Ag_2Te-PANi	4.3	251	0.387

3.4 PANi-Ag_2Se 纳米复合材料的合成与热电性能

3.4.1 合成方法

用 SeO_2 替代 TeO_2 可用于合成 Ag_2Te 以及 PANi-Ag_2Te 类似的方法在常温下合成 Ag_2Se 纳米颗粒并用界面法原位合成与 PANi-Ag_2Se 纳米复合颗粒。

3.4.2 结构与形貌表征

图 3-10(a)和图 3-10(b)分别是样品 Ag_2Se 和 PANi-Ag_2Se 的

XRD 图谱。两图谱相似,所有衍射峰均与 Ag_2Se 的标准图谱(JCPDS 卡片号:71-2410)一致。结合实验过程,确认复合粉末中含有 Ag_2Se。

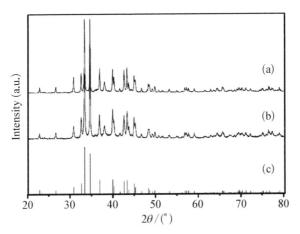

图 3-10　(a) Ag_2Se 和(b) PANi-Ag_2Se 的 XRD 图谱以及
(c) Ag_2Se 的标准谱(JCPDS 卡片号:71-2410)

图 3-11 显示 PANi-Ag_2Se 样品的红外光谱与去掺杂聚苯胺的红外光谱一致。结合 XRD 结果,证实界面法成功得到 PANi-Ag_2Te 复合材料。

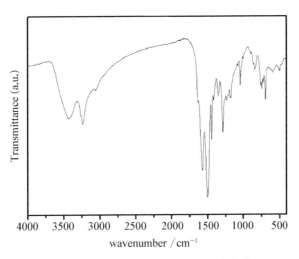

图 3-11　PANi-Ag_2Se 样品的红外光谱

图 3-12(a)显示 Ag_2Se 为不规则的颗粒,并存在团聚现象,平均粒径约 100 nm。从图 3-12(b)中可以看出样品Ⅲ主要由核壳结构的纳米颗粒组成。结合 XRD,FTIR 和 TEM 结果可以判断纳米颗粒中衬度较深的核为 Ag_2Se 而衬度较浅的外壳为聚苯胺。核壳结构颗粒尺寸约 60 nm,Ag_2Se 核的直径不超过 40 nm,远小于单独合成 Ag_2Se 纳米颗粒的直径,同样是由于 PANi 包裹在生成的 Ag_2Se 核上阻碍其生长的缘故。

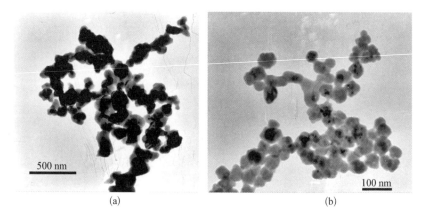

图 3-12 (a) Ag_2Se 和(b) PANi-Ag_2Se 的透射电镜照片

3.4.3 热电性能

冷压后 Ag_2Se 和 PANi-Ag_2Se 的电导率和 Seebeck 系数如表 3-2 所示。Ag_2Se 的电导率为 $10.1\ S·m^{-1}$,远低于单质熔融得到的块体材料,Seebeck 系数为 $187\ \mu V·K^{-1}$,导电类型为 P 型,与文献报道的熔融块体材料(N 型,$\alpha = -155\ \mu V·K^{-1}$)[240]不同,同样是由于不同工艺造成的组分

表 3-2 常温下各样品的电导率与 Seebeck 系数

样　品	电导率/$(S·m^{-1})$	Seebeck 系数/$(\mu V·K^{-1})$
Ag_2Se	10.1	187
PANi-Ag_2Se	5.5	179

差异引起的。PANi-Ag$_2$Se 样品的电导率(5.5 S·m^{-1})和 Seebeck 系数(179 μV·K^{-1})都略低于 Ag$_2$Se。

3.5 PANi-Bi 纳米复合材料的合成与热电性能

3.5.1 合成方法

(1) 常温下合成 Bi 纳米结构

将原料 1 mmol Bi(NO$_3$)$_3$·5H$_2$O,4 mmol 酒石酸钠(Na$_2$C$_4$H$_4$O$_6$),0.02 mol KOH 和 8 mmol KBH$_4$ 依次加入装有 50 mL 蒸馏水的烧杯中,用磁力搅拌仪连续搅拌直至完全溶解(溶液 D)。取出磁转子,加水至 100 mL,在常温下静置 24 h。杯底有黑色沉淀生成。将生成产物用去离子水和无水乙醇交替多次洗涤至中性,放入真空烘箱中 70℃保温 8 h 干燥,得到黑色粉体。

(2) 界面法原位合成 PANi-Bi 复合纳米结构

首先配制一些溶液 D 待用。将 5 mmol APS 溶解在 50 mL 去离子水中再缓缓倒入 50 mL 溶液 D 中,持续搅拌形成均匀溶液。将其倒入 50 mL 溶有 10 mmol 苯胺单体的 CCl$_4$ 中形成界面。24 h 后界面上有黑色沉淀生成,沉淀物经收集后洗涤烘干得到黑色粉末。使用不同量的(30 mL,40 mL 和 60 mL)溶液 D 可调节复合产物中的 PANi 含量。

3.5.2 结构与形貌表征

图 3-13(a)和(b)分别是样品 Bi 和 PANi-Bi 的 XRD 图谱。两图谱相似,所有衍射峰均与 Bi 的标准图谱(JCPDS 卡片号:44-1246)一致。结合实验过程,确认复合粉末中含有 Bi。图 3-13(b)中较高的背底可能与存在 PANi 有关。

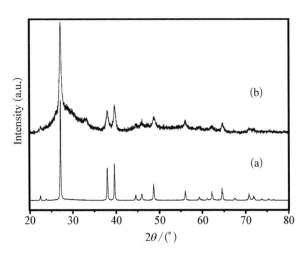

图 3-13　(a) Bi 和(b) PANi-Bi 的 XRD 图谱

图 3-14 显示 PANi-Bi 样品的红外光谱与去掺杂聚苯胺的红外光谱一致。结合 XRD 结果，证实界面法成功得到 PANi-Bi 复合材料。

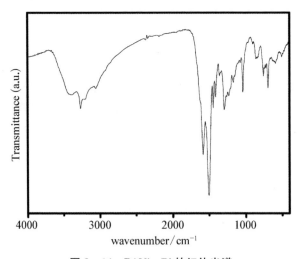

图 3-14　PANi-Bi 的红外光谱

化学溶液中合成的 Bi 和同步合成的 PANi-Bi 复合粉末如图 3-15 所示。图 3-15(a)可以看出合成的 Bi 形貌不均一，由纳米颗粒和纳米棒组成。纳米颗粒尺寸约 60 nm，有一些团聚；纳米棒直径约 150 nm。图

图 3‑15 (a) Bi 和(b) PANi‑Bi 的透射电镜照片

3‑15(b)中衬度较深的为 Bi,衬度较浅的为 PANi,图中显示 Bi 纳米颗粒和纳米棒被 PANi 良好包覆,Bi 纳米棒尺寸略小于单独合成的 Bi,是被 PANi 包裹而阻止其进一步长大所致。

3.5.3 热电性能

由于 PANi‑Bi 复合粉末是同步合成的,其中成分的含量难以直接测量,因此利用样品的密度进行估算。测得纯 PANi 和 Bi 冷压后块体密度分别为 1.14 g·cm^{-1} 和 7.24 g·cm^{-1},利用复合粉末中 PANi 含量 c 可用公式 $c=[1.14(7.24-d)]/[d(7.24-1.14)]$ 计算,其中 d 为复合粉末冷压后的密度。

不同 PANi 含量的 PANi‑Bi 复合材料的电导率、Seebeck 系数以及功率因子如图 3‑16 所示。图 3‑16(a)显示当 PANi 含量从 0 增加至 12.6 wt%,电导率单调降低(从 13.6 S·m^{-1} 至 1.8 S·m^{-1})。Seebeck 系数为负值,表明为 N 型半导体。随着 PANi 含量上升,Seebeck 系数绝对值先从 167 μV·K^{-1}(纯 Bi 样品)升至 173 μV·K^{-1}(1.75 wt% PANi 样品),再下降至 103 μV·K^{-1}(12.6 wt% PANi 样品)。Seebeck 系数绝对值的略微上升可能与 PANi 和 Bi 之间的界面效应有关。图 3‑16(b)显示样品的功率因子随着 PANi 含量的增加而降低。由于 PANi 的 Seebeck 系数为正值,说明复合材料中提高 PANi 含量会使得电输运性能降低。

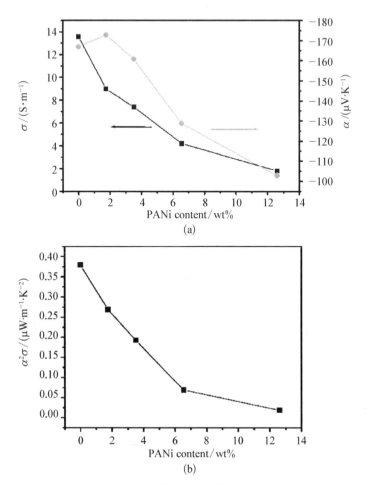

图3-16 不同PANi含量复合产物的(a) 电导率和Seebeck系数以及(b) 功率因子($\alpha^2\sigma$)

3.6 本章小结

本章在碱性水溶液/CCl_4界面合成了PANi-PbTe,PANi-Ag_2Te,PANi-Ag_2Se以及PANi-Bi纳米粉体。该方法中PANi在碱性水溶液中

第3章 界面同步合成PANi基纳米复合材料及其热电性能

生成,掺杂程度低,因而电导率很低,同步合成PANi-无机半导体复合材料实现了基本保持PANi原有Seebeck系数(甚至略有提升)的前提下电导率的大幅提高,但是由于PANi本身Seebeck系数只有153 $\mu V \cdot K^{-1}$,使得同步合成的复合材料与纯无机半导体纳米颗粒冷压后的样品相比在热电性能上没有体现出优势。因此,有必要发展具有更高Seebeck系数的共轭高分子作为复合材料的基体。

第 4 章

几种 PANi 衍生物纳米结构的软模板合成与修饰及其热电性能

4.1 概 述

共轭高分子家族中，PANi 具有合成简单、易于掺杂、电导率高、稳定性好等优势，早已是导电高分子的经典，也吸引了许多从事热电科学研究的科学家的注意，目前已有许多关于 PANi 热电性能的研究论文。但是，还有许多与 PANi 单体结构相似的高分子，如聚间苯二胺(PmPD)、聚对苯二胺(PpPD)、聚萘胺(PNA)、聚蒽胺(PAA)等(单体结构如图 4-1 所示)。这些高分子同样具有大共轭结构，共轭程度甚至高于 PANi，但是由于空间位

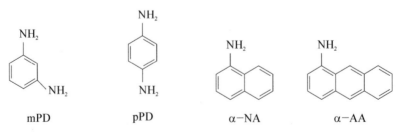

图 4-1　间苯二胺(mPD)、对苯二胺(pPD)、α-萘胺(α-NA)和
α-蒽胺(α-AA)的结构示意图

第4章　几种 PANi 衍生物纳米结构的软模板合成与修饰及其热电性能

阻等原因,比较难被掺杂,导电性远低于 PANi,因而受到关注比 PANi 少得多,其热电性能的研究几乎是空白。

根据 Mateeva 等[140]的研究,在去掺杂或低掺杂的状态下,共轭高分子电导率很低,但可获得较高的 Seebeck 系数。上述 PmPD,PpPD,PNA,PAA 等高分子的共轭程度高于 PANi,且难于被掺杂,有望获得比 PANi 高得多的 Seebeck 系数,可以更好地用于与具有较高电导率的无机半导体材料复合制备有机-无机复合材料,优化热电性能。本章选取 PpPD 和 PNA 进行研究。

4.2　聚对苯二胺(PpPD)及 PpPD‐CNTs 复合材料的合成与热电性能

PpPD 的制备方法如下：10 mmol 对苯二胺(pPD)单体溶于 50 mL 去离子水中形成粉红色溶液。另取 10 mmol 引发剂溶于 50 mL 去离子水中并以两秒每滴的速度加入对苯二胺单体溶液中。混合溶液室温下持续搅拌 24 h,杯底有黑色沉淀生成。将生成产物用去离子水和无水乙醇交替多次洗涤至中性,放入真空烘箱中 70℃保温 8 h 干燥,得到黑色粉体。

典型的 PpPD‐CNTs 复合材料原位合成方法如下：10 mmol 对苯二胺(pPD)单体溶于 50 mL 去离子水中形成粉红色溶液,再加入 0.1 g 多壁碳纳米管(南京先丰纳米技术公司提供,直径约 8 nm)超声分散。另取 10 mmol 引发剂溶于 50 mL 去离子水中并以两秒每滴的速度加入含有对苯二胺和多壁碳纳米管的溶液中。混合溶液室温下持续搅拌,24 h 后收集杯底黑色沉淀,用去离子水和无水乙醇交替多次洗涤至中性,放入真空烘箱中 70℃保温 8 h 干燥,得到黑色粉体。碳纳米管含量估算为 9.33 wt%。同样工艺分别加入 0.05 g,0.2 g 和 0.4 g CNTs 合成复合粉末,产物中 CNTs

含量分别为 5.24 wt%,16.6 wt%和 27.2 wt%。

图 4-2(a)和(b)分别为 PpPD 和 PpPD-CNTs 的红外光谱。图 4-2(a)中 3 422 cm^{-1}和 3 218 cm^{-1}处的强峰对应于 N—H 的伸缩振动,表明产物有较多的氨基和亚氨基。1 511 cm^{-1}和 1 573 cm^{-1}处尖峰对应于芳环上 C—C 的伸缩振动,其中 1 511 cm^{-1}处对应于苯环上的振动;而 1 573 cm^{-1}处对应于醌环上的振动。1 348 cm^{-1}处的峰对应于醌式亚氨基的 C—N 伸缩振动。1 110 cm^{-1}和 1 286 cm^{-1}的峰分别对应于醌式单元和苯式单元上的 C=N 伸缩振动。828 cm^{-1}的峰对应于 1,2,4,5-四取代苯环上 C—H 键的面外弯曲振动[241]。图 4-2 中图谱(b)和(a)相似,碳纳米管的红外吸收较弱,因而没有看出明显差别。

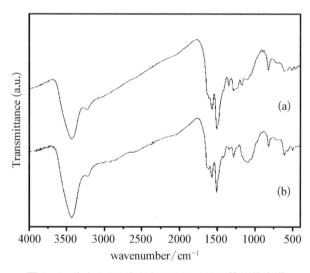

图 4-2 (a) PpPD 和(b) PpPD-CNTs 的红外光谱

图 4-3 为 PpPD 和 PpPD-CNTs 的 TEM 照片。图 4-3(a)显示 PpPD 为无定形结构。图 4-3(b)显示无定形态的聚合物为附着在碳纳米管上生长,很好的包覆在碳纳米管上。碳管直径约 9 nm,与企业提供的参数大致吻合。

第4章　几种PANi衍生物纳米结构的软模板合成与修饰及其热电性能

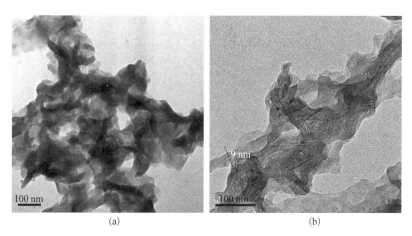

图4-3　(a) PpPD和(b) PpPD-CNTs的TEM照片

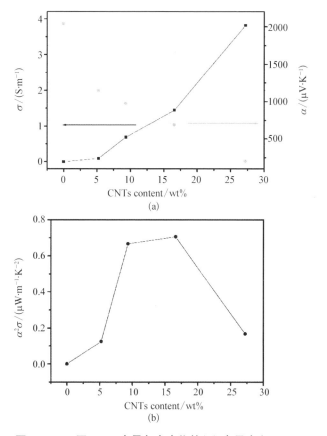

图4-4　不同CNTs含量复合产物的(a) 电导率和Seebeck系数以及(b) 功率因子($\alpha^2\sigma$)

图 4-4(a)为冷压后不同 CNTs 含量 PpPD-CNTs 复合材料的电导率和 Seebeck 系数。纯 PpPD 的电导率很低(1.4×10^{-4} S·m^{-1}),CNTs 组分具有较高的电导率,当 CNTs 含量达到 27.2 wt%时,电导率上升至 3.82 S·m^{-1}。纯 PpPD 的 Seebeck 系数达到 2 047 μV·K^{-1},与梯形结构 PpPD 的离域 π 键有关。随着 CNTs 含量上升,样品 Seebeck 系数由 2 047 μV·K^{-1} 下降到 210 μV·K^{-1}(27.2 wt% CNTs 样品)。图 4-4(b)显示随着 CNTs 含量的增加,样品的功率因子先从 5.9×10^{-4} μW·m^{-1}·K^{-2}(纯 PpPD)上升到 0.706 μW·m^{-1}·K^{-2}(16.6 wt% CNTs 样品),再下降到 0.168 μW·m^{-1}·K^{-2}(27.2 wt% CNTs 样品),最大功率因子(0.706 μW·m^{-1}·K^{-2})比纯 PpPD 提高 3 个数量级。

4.3 PpPD 纳米线的合成与 PbSe 修饰

万梅香课题组对共轭高分子一维纳米结构的合成作了大量研究[242-249],发现使用萘磺酸(NSA)为掺杂剂和模板剂可以有效地合成 PANi 和 PPy 纳米管,也适用于一些 PANi 的衍生物,如聚邻甲苯胺(POT)等[250]。本节尝试使用 NSA 为掺杂剂和模板剂合成 PpPD 一维纳米结构并对其进行修饰。

PpPD 纳米线的制备方法如下:10 mmol 对苯二胺(pPD)单体和 20 mmol NSA 加入 50 mL 去离子水中搅拌形成类似 Cappuccino 的乳液。另取 10 mmol 引发剂溶于 50 mL 去离子水中并以两秒每滴的速度加入之前配制的乳液中。混合溶液室温下持续搅拌 24 h,杯底有黑色沉淀生成。将生成产物用去离子水和无水乙醇交替多次洗涤至中性,放入真空烘箱中 70℃保温 8 h 干燥,得到黑色粉体。

制备 PbSe 纳米颗粒修饰 PpPD 的方法如下:将 0.1 g PpPD 纳米线超声

第4章 几种 PANi 衍生物纳米结构的软模板合成与修饰及其热电性能

分散于 0.2 mol·L^{-1} 的 Pb(NO$_3$)$_2$ 溶液中,室温下持续搅拌 24 h,沉淀经洗涤干燥后再超声分散于 0.2 mol·L^{-1} 新配制的 Na$_2$SeSO$_3$ 溶液,室温下持续搅拌 24 h。最后洗涤得到黑色粉末,经称重估算 PbSe 含量 36.2 wt%。

另取几份 PpPD 纳米线粉末分别用不同浓度的 Pb(NO$_3$)$_2$(0.05 mol·L^{-1},0.1 mol·L^{-1} 和 0.4 mol·L^{-1})和 Na$_2$SeSO$_3$(0.05 mol·L^{-1},0.1 mol·L^{-1} 和 0.4 mol·L^{-1})处理,估算 PbSe 含量分别为 15.6 wt%,24.9 wt% 和 41.5 wt%。

图 4-5(a)为典型的 PpPD 红外图谱[241],与图 4-2(a)相比,1 118 cm^{-1} 处的峰更尖锐,表明聚合物分子中醌式结构含量更高。图 4-5 中图谱(b)和(a)相似,表明化学修饰后 PpPD 的分子结构没有很大变化。

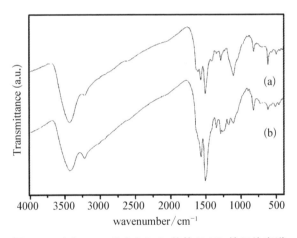

图 4-5 (a) PpPD 和(b) PbSe 修饰 PpPD 的红外光谱

图 4-6(a)和图 4-6(b)分别为 PpPD 和 PbSe 修饰 PpPD 的 XRD 图谱。图 4-3(a)是典型的非晶结构图谱,只在 21.5°有一个非晶包。图 4-6(b)的衍射峰与面心立方结构的 PbSe 标准谱(JCPDS 卡片号:65-0327)对应,21.5°的非晶包也可以看到。结合红外和 XRD 结果可以判断修饰过的样品含 PpPD 和 PbSe。

图 4-7(a)为合成 PpPD 的透射电镜照片,得到的 PpPD 为纳米线结

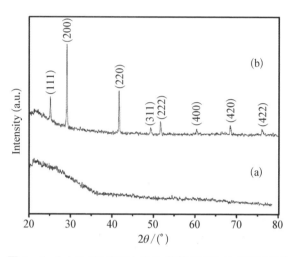

图 4-6 (a) PpPD 和 (b) PbSe 修饰 PpPD 的 XRD 图谱

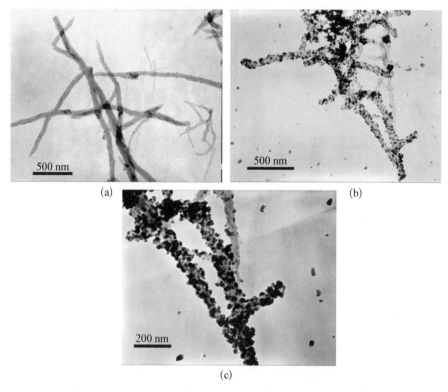

图 4-7 (a) PpPD 和 (b), (c) PbSe 修饰 PpPD 的 TEM 照片

第 4 章　几种 PANi 衍生物纳米结构的软模板合成与修饰及其热电性能

构,直径 60～100 nm。图 4-7(b)显示修饰后 PbSe 纳米颗粒(衬度较深)附着在 PpPD(衬度较浅)上。放大的照片(图 4-7(c))显示 PbSe 纳米颗粒粒径 30～50 nm。

PbSe 修饰 PpPD 的形成过程如图 4-8 所示。首先,pPD 单体被 APS

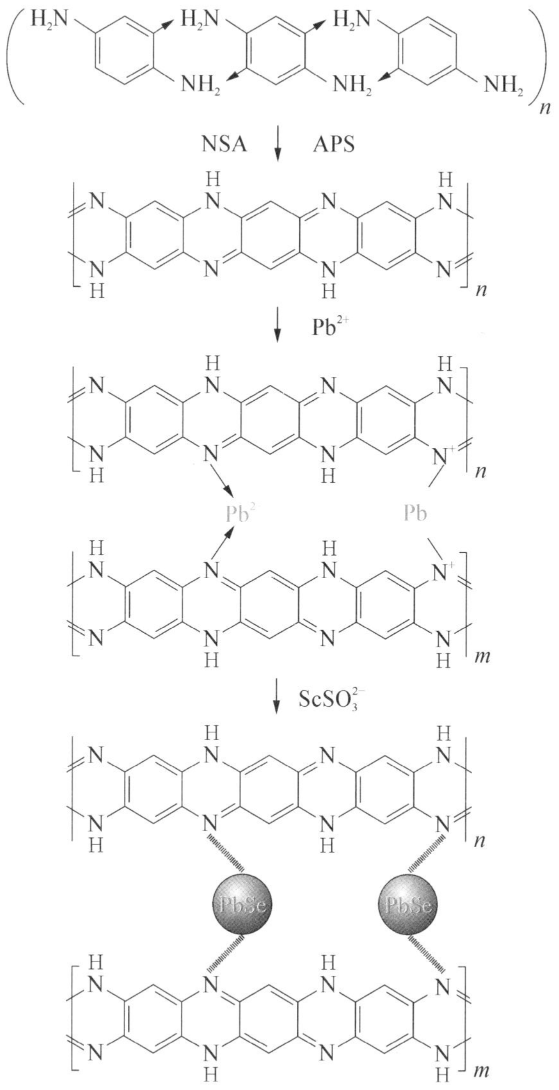

图 4-8　PbSe 修饰 PpPD 的形成过程

氧化聚合，NSA加入pPD单体溶液形成乳液，起到软模板的作用使PpPD生长为纳米线结构；然后将PpPD纳米线分散到$Pb(NO_3)_2$中，PpPD的=N—基团对Pb^{2+}离子有很强的吸附能力形成=N^+—Pb—N^+=共振结构；最后将产物分散到Na_2SeSO_3溶液中，Na_2SeSO_3缓慢水解释放Se^{2-}离子，Se^{2-}离子和Pb^{2+}离子结合生长为PbSe纳米颗粒附着在PpPD纳米线上。

图4-9为不同PbSe含量复合产物冷压后的电导率、Seebeck系数和功率因子。图4-9(a)显示纯PpPD纳米线的电导率和Seebeck系数分别

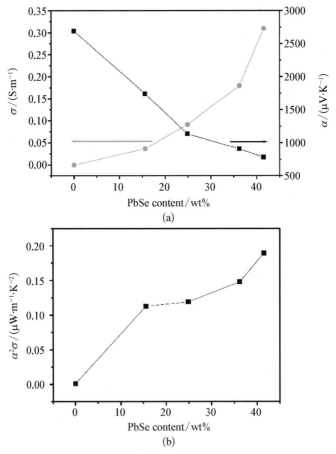

图4-9 不同PbSe含量复合产物的(a)电导率和Seebeck以及(b)功率因子($\alpha^2\sigma$)

第4章 几种 PANi 衍生物纳米结构的软模板合成与修饰及其热电性能

为 1.2×10^{-4} S·m^{-1} 和 2 692 μV·K^{-1}。随着 PbSe 含量上升,复合产物的电导率增加,而 Seebeck 系数下降。41.5 wt% PbSe 样品的电导率上升至 0.31 S·m^{-1} 而 Seebeck 系数下降到 781 μV·K^{-1}。图 4-9(b)显示样品的功率因子随着 PbSe 含量的增加而升高,41.5 wt% PbSe 样品功率因子达到 0.189 μW·m^{-1}·K^{-2},低于 PpPD-CNTs 复合材料的功率因子 (0.706 μW·m^{-1}·K^{-2},16.6 wt% CNTs 样品),主要是由于 PpPD-PbSe 中不连续的 PbSe 纳米颗粒对电导率的提升有限。

4.4　Bi$_2$Se$_3$ 修饰 PpPD 纳米线

用类似的工艺将合成的 PpPD 纳米线先分散于 BiCl$_3$ 的水溶液中,再分散于新配制的 Na$_2$SeSO$_3$ 溶液,合成 Bi$_2$Se$_3$ 修饰的 PpPD 纳米线。

Bi$_2$Se$_3$ 的修饰过程与 PbSe 相似,PpPD 的 =N— 基团与 Bi^{3+} 离子相互作用形成如图 4-10 所示的共振结构吸附 Bi^{3+} 离子,分散到 Na$_2$SeSO$_3$ 溶液后,

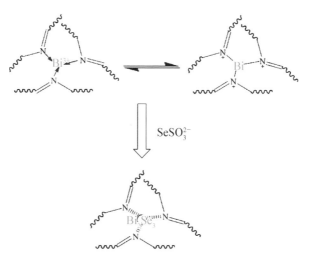

图 4-10　Bi$_2$Se$_3$ 修饰 PpPD 的形成过程

与 Na_2SeSO_3 缓慢水解释放的 Se^{2-} 离子结合生长为 Bi_2Se_3 附着在 PpPD 纳米线上。

图 4-11 是 Bi_2Se_3 修饰 PpPD 的 XRD 图谱。图谱中的衍射峰基本与 Bi_2Se_3 标准图谱(JCPDS 卡片号:33-0214)的(015),(110),(205)和(125)衍射峰对应。34.8°的衍射峰(*号)与单质 Se(JCPDS 卡片号:24-0714)的(402)峰对应,表明有少量 Se 单质存在。

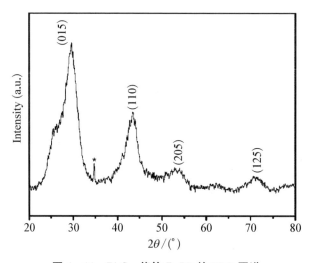

图 4-11 Bi_2Se_3 修饰 PpPD 的 XRD 图谱

复合产物中 Bi_2Se_3 含量同样可通过 $BiCl_3$ 溶液和 Na_2SeSO_3 溶液的浓度来调节。图 4-12 为不同 Bi_2Se_3 含量复合产物冷压后的电导率、Seebeck 系数和功率因子。图 4-12(a)显示,随着 Bi_2Se_3 含量上升,复合产物的电导率增加,44.6 wt% Bi_2Se_3 样品电导率达到 $0.49\ S·m^{-1}$,而 Seebeck 系数由 $2\,692\ \mu V·K^{-1}$ 下降到 $943\ \mu V·K^{-1}$(44.6 wt% Bi_2Se_3 样品)。图 4-12(b)显示样品的功率因子随着 Bi_2Se_3 含量的增加而升高,44.6 wt% Bi_2Se_3 样品功率因子达到 $0.435\ \mu W·m^{-1}·K^{-2}$,高于 PbSe 修饰 PpPD 的功率因子($0.189\ \mu W·m^{-1}·K^{-2}$)。

第 4 章 几种 PANi 衍生物纳米结构的软模板合成与修饰及其热电性能

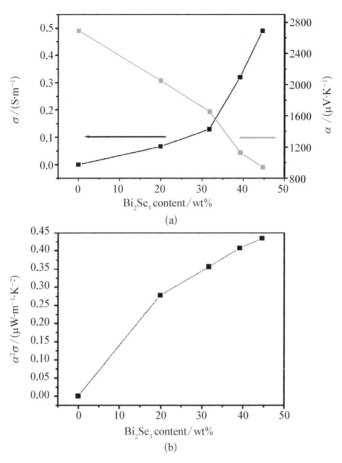

图 4-12 不同 Bi_2Se_3 含量复合产物的(a) 电导率和 Seebeck 以及(b) 功率因子($\alpha^2\sigma$)

4.5 聚 α-萘胺(PNA)纳米管的合成

聚萘胺(PNA)的结构与 PANi 相似(图 4-13),但由于多芳环结构存在,掺杂相对较困难,电导率比 PANi 低很多。在防腐涂层[251,252]、电催化[253]、电致变色[254]等领域有一定应用前景。目前报道的 PNA 合成方法

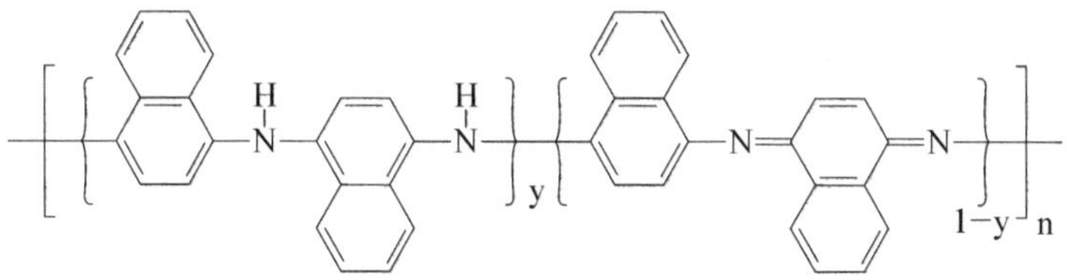

低维硫族化合物及其与聚合物复合热电材料的研究

PNA

图4-13 聚α-萘胺(PNA)的结构示意图

主要有电化学氧化聚合[255-257]和化学氧化聚合[258-260]两类。本节采用β-NSA为模板剂化学氧化合成PNA纳米管并测试其热电性能。

聚α-萘胺(PNA)纳米管的制备方法如下：10 mmol α-萘胺盐酸盐和10 mmol NSA加入100 mL去离子水中搅拌形成淡红色乳液。另取引发剂溶于50 mL去离子水中并以两秒每滴的速度加入之前配制的乳液中，混合液颜色逐渐变蓝再变黑。混合溶液室温下持续搅拌24 h，杯底有黑色沉淀生成。将生成产物用去离子水和氨水洗涤去掺杂，再用去离子水和无水乙醇交替多次洗涤至中性，放入真空烘箱中70℃保温8 h干燥，得到黑色粉体。

类似工艺，加入0，5和20 mmol NSA，同样都得到黑色粉体。

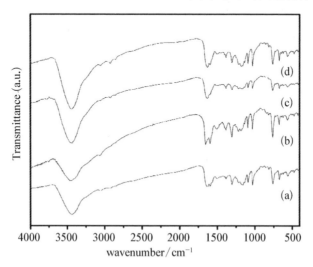

图4-14 NSA/α-NA摩尔比为(a) 0, (b) 0.5, (c) 1和(d) 2条件下合成PNA的红外光谱

第4章 几种PANi衍生物纳米结构的软模板合成与修饰及其热电性能

图4-15为不同NSA/α-NA摩尔比条件下合成PNA的透射电镜照片。不加入NSA时得到的PNA为近似球状的团聚颗粒,直径大于1 μm。NSA/α-NA摩尔比为0.5时,PNA形貌较复杂,出现管状结构,也存在一些棒状和片状结构。NSA/α-NA摩尔比为1时,PNA为较光滑的纳米管结构,直径200~500 nm。NSA/α-NA摩尔比为2时,PNA管直径较粗,超过1 μm。以上结果显示NSA/α-NA摩尔比为1是合成均匀PNA纳米管的理想配比。

图4-15 NSA/α-NA摩尔比为(a) 0,(b) 0.5,(c) 1和
(d) 2条件下合成PNA的透射电镜照片

图 4-16 为 NSA/α-NA 摩尔比为 1 条件下合成 PNA 的扫描电镜照片。图中显示 PNA 粉末由光滑的纳米管结构组成，直径 200~500 nm，与透射电镜观察结果一致。

图 4-16　NSA/α-NA 摩尔比为 1 条件下合成 PNA 的扫描电镜照片

将 NSA/α-NA 摩尔比为 1 条件下合成的 PNA 纳米管冷压成块体，测得电导率和 Seebeck 系数分别为 $7.9\times10^{-4}\,\text{S}\cdot\text{m}^{-1}$ 和 $3\,810\,\mu\text{V}\cdot\text{K}^{-1}$。较低的电导率表明加入的 NSA 模板已被清洗掉，没有实现原位掺杂，可能是由于萘胺稠环有较大的空间位阻。较大的 Seebeck 系数可能与稠环上较强共轭效应有关。

尝试对得到的 PNA 纳米管进行修饰，但用 $Pb(NO_3)_2$ 和 $BiCl_3$ 溶液处理后粉末几乎没有增重，表明 PNA 纳米管的离子吸附能力较差，可能也与稠环较大的空间位阻有关。

4.6　PNA-CNTs 复合材料的合成与热电性能

本节采用具有较高电导率的 CNTs 和具有较高 Seebeck 系数的 PNA

进行复合。考虑到 CNTs 有很高的长径比，复合材料采用非一维结构的 PNA 颗粒作为连续相，原位合成 PNA-CNTs 时不加入 β-NSA。

PNA-CNTs 的制备方法如下：10 mmol α-萘胺盐酸盐 100 mL 去离子水中搅拌形成淡红色乳液，再加入 0.1 g 多壁碳纳米管超声分散。另取引发剂溶于 50 mL 去离子水中并以两秒每滴的速度加入之前配制的分散液中，混合溶液室温下持续搅拌 24 h，杯底有黑色沉淀生成。将生成产物用去离子水和氨水洗涤去掺杂，再用离子水和无水乙醇交替多次洗涤至中性，放入真空烘箱中 70℃ 保温 8 h 干燥，得到黑色粉体。碳纳米管含量估算为 8.55 wt%。同样工艺分别加入 0.05 g，0.2 g 和 0.4 g CNTs 合成复合粉末，产物中 CNTs 含量分别为 4.39 wt%，12.7 wt% 和 22.6 wt%。

图 4-17 为 PNA-CNTs 复合材料冷压后断面扫描电镜照片。照片显示 PNA 没有形成对 CNTs 的有效包覆，但 CNTs 以蛛网形态穿插在聚合物基体中，总体来说分布较均匀。

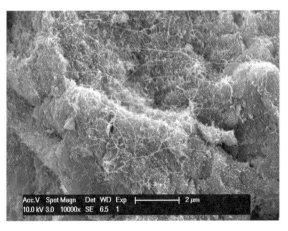

图 4-17 PNA-CNTs 复合材料冷压后断面扫描电镜照片

图 4-18(a) 为不同 CNTs 含量 PNA-CNTs 复合材料的电导率和 Seebeck 系数。纯 PNA 粉末的电导率和 Seebeck 系数分别为 $1.2 \times$

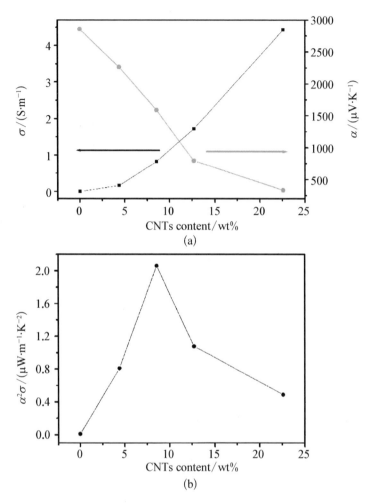

图4-18 不同CNTs含量复合产物的(a) 电导率和Seebeck系数以及(b) 功率因子($\alpha^2\sigma$)

10^{-3} S·m^{-1}和2 853 μV·K^{-1}。随着CNTs含量上升,复合材料的电导率上升至4.43 S·m^{-1}(22.6 wt% CNTs样品),而Seebeck系数下降至331 μV·K^{-1}(22.6 wt% CNTs样品)。图4-18(b)显示CNTs含量8.55 wt%时,功率因子达到最大值2.06 μW·m^{-1}·K^{-2}。

4.7 本章小结

本章研究部分聚苯胺衍生物纳米结构的合成、修饰及热电性能。采用原位聚合得到 PpPD-CNTs 复合材料,CNTs 含量为 16.6 wt%时功率因子达到 0.706 $\mu W \cdot m^{-1} \cdot K^{-2}$。采用软模板法合成聚对苯二胺(PpPD)纳米线,去掺杂态 PpPD 的 Seebeck 系数较高,但电导率很低,用离子吸附的方法分别制备了 PbSe 和 Bi_2Se_3 修饰的 PpPD 纳米线,热电性能获得较大提高,最大功率因子分别达到 0.189 $\mu W \cdot m^{-1} \cdot K^{-2}$ 和 0.435 $\mu W \cdot m^{-1} \cdot K^{-2}$。用软模板法合成聚 α-萘胺(PNA)纳米管,同样具有很大的 Seebeck 系数和很小的电导率,但由于萘胺稠环的空间位阻较大,无法有效吸附离子进行修饰。原位聚合得到 PNA-CNTs 复合材料,最大功率因子达到最大值 2.06 $\mu W \cdot m^{-1} \cdot K^{-2}$。

第 5 章
聚 3,4-乙撑二氧噻吩基纳米复合材料合成及其热电性能

5.1 概 述

如 1.3.2 目所述,目前已有的关于 PEDOT 基复合热电材料基本采用成熟的 PEDOT:PSS 与合成的无机材料混合制备。PEDOT:PSS 为重掺杂半导体,有较高的电导率,但由于载流子浓度较高而迁移率较低,Seebeck 系数通常较低($<20\ \mu V\cdot K^{-1}$)。

本章采用 Pickering 乳液聚合法、界面法、原位合成等方法合成 PEDOT-PbTe,PEDOT-Bi_2S_3,PEDOT-Ag,PEDOT-Cu 和 PEDOT-碳纳米管等复合粉末,得到的粉末冷压成块体并研究热电性能。

5.2 PEDOT-PbTe 纳米复合材料的合成与热电性能

目前已有报道 PEDOT 纳米结构的合成方法主要有微乳液聚合[261]、反

相微乳液聚合[262]、电化学聚合[263,264]、V_2O_5 种子聚合等[265]。Su 等用较简便的界面法(CH_2Cl_2/H_2O 界面)合成 PEDOT 梭状纳米颗粒[266],本节在乙腈和正己烷的界面上合成 PEDOT 纳米管,并进一步用 Pickering 乳液聚合法合成 PbTe 修饰的 PEDOT 纳米管。

5.2.1 合成方法

(1) 界面合成 PEDOT

将 0.02 mol $FeCl_3$ 溶于 50 mL 乙腈中,将 1 mL ($\approx$0.01 mol) EDOT 溶于 30 mL 正己烷中。将乙腈溶液以两秒每滴的速度滴加入正己烷溶液中并持续搅拌 24 h。停止搅拌后溶液分为上下两层,上层是无色的正己烷溶液,而下层是墨绿色的乙腈溶液并有沉淀在杯底。将生成产物用去离子水和无水乙醇交替多次洗涤至中性,放入真空烘箱中 70℃保温 8 h 干燥,得到黑色粉体。在洗涤过程中,产物颜色由墨绿色变为黑色,表明产物由原始的自掺杂状态去掺杂为还原态。

(2) 界面法原位合成 PEDOT-PbTe 纳米复合粉体

约 50 nm 粒径的 PbTe 纳米颗粒在常温下用化学沉积法制得。

制备 PEDOT-PbTe 纳米复合粉体的方法如下:将 0.02 mol $FeCl_3$ 溶于 50 mL 乙腈中,将 1 mL ($\approx$0.01 mol) EDOT 和 0.25 g PbTe 纳米颗粒加入 30 mL 正己烷中,超声波分散后持续搅拌。再将乙腈溶液以两秒每滴的速度滴加入正己烷溶液中并持续搅拌 24 h。停止搅拌后将下层生成产物用去离子水和无水乙醇交替多次洗涤至中性,放入真空烘箱中 70℃保温 8 h 干燥,得到黑色粉体。PbTe 含量(c)用公式 $c=w_1/w\times100\%$ 计算,w_1 为加入 PbTe 纳米颗粒的质量而 w 为最后产物的总质量。复合粉体中 PbTe 含量约为 16.3 wt%。

重复以上步骤但加入不同含量 PbTe 纳米颗粒(0.5 g 和 1.0 g),所得产物中 PbTe 含量分别约为 28.7 wt%和 43.9 wt%。

5.2.2 结构与形貌表征

图 5-1(a)和(b)分别是界面合成 PEDOT 与 PEDOT-PbTe 的红外光谱[267]。图 5-1(a)与报道的 PEDOT 红外光谱一致,主要的吸收峰分析如下:682 cm^{-1},839 cm^{-1} 和 981 cm^{-1} 的吸收峰对应于噻吩环上 C—S 键伸缩振动,1 512 cm^{-1} 和 1 344 cm^{-1} 吸收峰对应于噻吩环上 C—C 或 C=C 键伸缩振动。1 054 cm^{-1},1 089 cm^{-1} 和 1 203 cm^{-1} 吸收峰对应于—C—O—C—键振动。在1 640 cm^{-1} 的吸收峰非常宽且弱,表明得到的 PEDOT 在洗涤过程中基本被去掺杂[146]。图谱(b)与图谱(a)相似,证实复合产物含有 PEDOT。由于 PbTe 的振动吸收远小于 PEDOT,图 5-1(b)中没有看到 PbTe 的吸收峰。

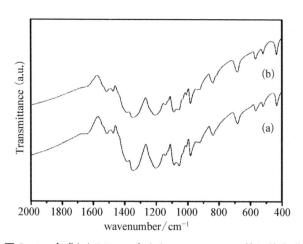

图 5-1 合成(a) PEDOT 与(b) PEDOT-PbTe 的红外光谱

图 5-2(a)和(b)分别是界面合成 PEDOT 与 PEDOT-PbTe 的 XRD 图谱。图谱(a)只在 24.8°位置有个很宽的峰,表明得到的 PEDOT 结晶很差。图谱(b)与 PbTe 标准谱良好对应,表明产物含有 PbTe。而与 PEDOT 对应的 24.8°的峰几乎看不出来。结合红外光谱与 XRD 结果,证实成功得到 PEDOT-PbTe 复合粉末。

第5章 聚3,4-乙撑二氧噻吩基纳米复合材料合成及其热电性能

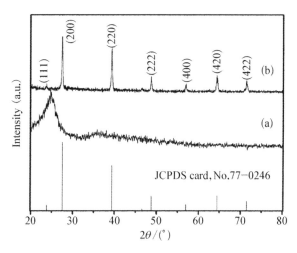

图 5-2 合成(a) PEDOT 与(b) PEDOT‑PbTe 的 XRD 图谱,以及 PbTe 合金的标准图谱(JCPDS 卡片号: 77‑0246)

图 5‑3(a)为典型的界面合成 PEDOT 的透射电镜照片。得到的 PEDOT 为并列的纳米管结构,直径约 50 nm,长度 0.5~1.5 μm。图 5‑3(b)为 PEDOT‑PbTe 样品的低倍 TEM 照片,样品由并列的 PEDOT 纳米管束和附着在上面的 PbTe 纳米颗粒组成。局部放大照片(图 5‑3(c))显示 PbTe 纳米颗粒尺寸约 50 nm。PEDOT 纳米管直径约 40 nm,长

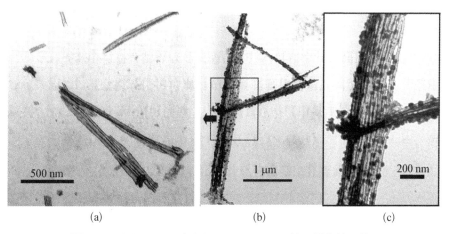

图 5‑3 (a) PEDOT 与(b) PEDOT‑PbTe 的透射电镜照片,(c)是图(b)中方框部分的局部放大

度大于 4 μm。合成纯 PEDOT 时,引发剂 $FeCl_3$ 溶于乙腈中,而 EDOT 单体溶于正己烷中,EDOT 在两相界面上被 Fe^{3+} 氧化聚合得到 PEDOT 纳米管并进入乙腈溶液中。当 PbTe 纳米颗粒加入反应体系后,其富集在两相界面上并吸附在生成的 PEDOT 纳米管表面上。另外,PbTe 纳米颗粒起到固体稳定剂的作用,形成 Pickering 乳液[268],其液滴小于简单混合搅拌的两相液滴。因此,复合产物中的 PEDOT 纳米管比单独合成的纳米管更长更细。

5.2.3 热电性能

图 5-4(a)为冷压后不同 PbTe 含量 PEDOT-PbTe 复合材料的电导率和 Seebeck 系数。纯 PEDOT 的电导率很低($0.064 \text{ S} \cdot \text{m}^{-1}$),是由于去掺杂后载流子浓度大大降低。PbTe 组分具有较高的电导率,当 PbTe 含量达到 43.9 wt%时,电导率上升至 $0.616 \text{ S} \cdot \text{m}^{-1}$,仍远低于纯 PbTe 冷压后的电导率($8.2 \text{ S} \cdot \text{m}^{-1}$),表明该含量下 PbTe 纳米颗粒在复合材料中还未形成渗流网络。图 5-4(a)中所有样品的 Seebeck 系数均为负值,其绝对值随 PbTe 含量增加而减小。溶液合成的掺杂态的 PEDOT 通常为 P 型半导体,载流子为对阴离子作用下产生的极化或双极化子。对阴离子(Cl^-)在去掺杂后过程中被去除,PEDOT 由氧化态变为中性,大大降低载流子的浓度,载流子类型也发生变化。Seebeck 系数为负可能归因于 PEDOT 链上的共轭电子。纯 PEDOT 的 Seebeck 系数绝对值非常大($4088 \text{ μV} \cdot \text{K}^{-1}$),几乎是传统热电材料 Bi_2Te_3 的 20 倍。这可能与去掺杂 PEDOT 共轭 π 键中很低的载流子浓度和较高的载流子迁移率有关。由于 PbTe 的 Seebeck 系数较低($465 \text{ μV} \cdot \text{K}^{-1}$),随着 PbTe 含量增加,样品 Seebeck 系数的绝对值下降至 $1205 \text{ μV} \cdot \text{K}^{-1}$(PbTe 含量 43.9 wt%)。图 5-4(b)是计算所得各样品的功率因子,PbTe 含量增加,样片的功率因子先从 $1.07 \text{ μW} \cdot \text{m}^{-1} \cdot \text{K}^{-2}$(纯 PEDOT)上升到 $1.44 \text{ μW} \cdot \text{m}^{-1} \cdot \text{K}^{-2}$

第5章 聚3,4-乙撑二氧噻吩基纳米复合材料合成及其热电性能

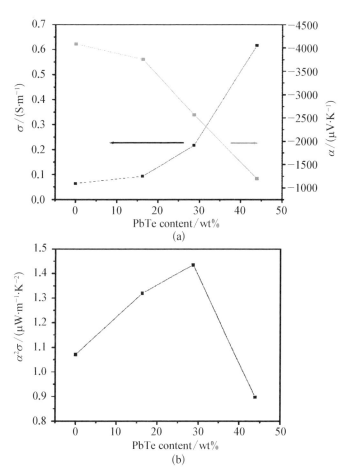

图 5-4 不同 PbTe 含量 PEDOT-PbTe 复合材料的(a) 电导率和 Seebeck 系数以及(b) 功率因子($\alpha^2\sigma$)

(28.7 wt% PbTe 样品),再下降到 0.897 $\mu W \cdot m^{-1} \cdot K^{-2}$ (43.9 wt% PbTe 样品)。

由图 5-3(b)可以看出 PbTe 纳米颗粒为球形,这就需要大量的 PbTe 才能形成渗流网络,另外,化学法合成 PbTe 的 Seebeck 系数为正值,复合材料中大量的 PbTe 会使得整体 Seebeck 系数的绝对值快速下降,因此,采用 N 型半导体纳米线或纳米管与去掺杂 PEDOT 复合有望获得更好的结果。

5.3 PEDOT-Bi_2S_3 纳米复合材料的同步合成与热电性能

本节采用 N 型半导体 Bi_2S_3 一维结构与去掺杂 PEDOT 复合,并研究其热电性能。Bi_2S_3 是一种很有潜力的热电材料[161, 269],许多方法用于合成 Bi_2S_3 一维结构,如气相沉积法[270, 271]、水热/溶剂热法[272, 273]、超声化学法[274, 275]、电化学法[276]、微波辅助化学法[277]、表面活性剂辅助化学法[278]等。本节利用 Bi_2S_3 结构的各向异性直接在常温下酸性水溶液中合成 Bi_2S_3 纳米管,并在溶液中一步法合成 PEDOT-Bi_2S_3 复合纳米材料。

5.3.1 合成方法

(1) 常温合成 Bi_2S_3 纳米管

将 2 mmol $Bi(NO_3)_3 \cdot 5H_2O$ 和 3 mmol 硫代乙酰胺溶于 100 mL 1 mol/L 的硝酸中(溶液 A)。静置 24 小时后产生沉淀。将生成产物用去离子水和无水乙醇交替多次洗涤至中性,放入真空烘箱中 70℃ 保温 8 h 干燥,得到黑色粉体,产率约 91%。

(2) PEDOT 的合成

将 10 mmol $(NH_4)_2S_2O_8$(APS)溶于 50 mL 2 mol/L 硝酸(溶液 B),1 mL(≈10 mmol)EDOT 溶于 50 mL 异丙醇(溶液 C)。将溶液 B 以两秒每滴的速度滴加入溶液 C 中并持续搅拌 4 h。停止搅拌并在室温下静置 20 h 产生墨绿色沉淀。将生成产物用去离子水和无水乙醇交替多次洗涤至中性,放入真空烘箱中 70℃ 保温 8 h 干燥,得到墨绿色粉体。部分产物用 0.2 mol/L 氨水处理得到去掺杂的 PEDOT。

(3) 原位同步合成 PEDOT-Bi_2S_3 纳米复合粉体

分别制备 20 mL 溶液 A、25 mL 溶液 B 以及 25 mL 溶液 C。将溶液 B

以两秒每滴的速度滴加入溶液 C 中,再将溶液 A 缓缓倒入其中,持续搅拌 4 h。停止搅拌并在室温下静置 20 h 产生墨绿色沉淀。将生成产物用去离子水、氨水以及无水乙醇交替多次洗涤,放入真空烘箱中 70℃保温 8 h 干燥,得到墨绿色粉体。产物中 Bi_2S_3 含量约为 17.8 wt%。

加入不同量溶液 A(30 mL,40 mL 和 50 mL)重复以上步骤,得到产物中 Bi_2S_3 含量分别约为 25.0 wt%,30.2 wt% 和 36.1 wt%。

5.3.2 结构与形貌表征

图 5-5(a),(b)和(c)分别是水相合成 PEDOT,Bi_2S_3 以及 PEDOT-Bi_2S_3 的 XRD 图谱。图 4-6(a)是典型的无定形产物的 XRD 谱,只在约 23°有一个弱而宽的峰,其位置与乙腈溶液中形成的 PEDOT 不同(24.8°,图 5-2(a)),可能是合成条件不同造成的结构差异引起。图 5-5(b)与 Bi_2S_3 合金的标准图谱(JCPDS 卡片号: 89-8964)相吻合,表明溶液中成功合成 Bi_2S_3。图 5-5(c)与(b)相似,但在约 23°有一个弱峰,与 PEDOT 峰的位置对应。

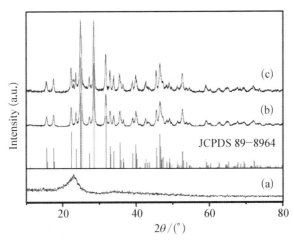

图 5-5 合成(a) PEDOT,(b) Bi_2S_3,(c) PEDOT-Bi_2S_3 的 XRD 图谱,以及 Bi_2S_3 合金的标准图谱(JCPDS 卡片号: 89-8964)

图 5-6(a)和(b)分别是去掺杂前后 PEDOT 的红外光谱[267]。图 5-6(a)与报道的掺杂态 PEDOT 红外光谱一致。图谱(b)与图谱(a)相似,不同的是 1 641 cm^{-1} 处的吸收峰几乎消失,表明 PEDOT 被去掺杂[146]。图谱(c)也对应于去掺杂的 PEDOT,结合 XRD 结果,证实成功得到 PEDOT - Bi_2S_3 复合粉末。

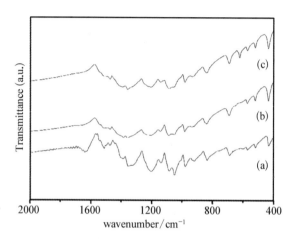

图 5-6 (a) 合成 PEDOT,(b) 去掺杂后 PEDOT 以及
(c) 去掺杂后 PEDOT - Bi_2S_3 的红外光谱

图 5-7(a)是水溶液中合成 Bi_2S_3 的透射电镜照片,Bi_2S_3 主要由一维结构组成。放大的插图显示 Bi_2S_3 为表面光滑的纳米管结构,直径约 80 nm,长度 500~800 nm。考虑到透射电镜下看到的样品在超声分散过程中被破坏,实际合成的 Bi_2S_3 纳米管可能更长一些。典型的 PEDOT - Bi_2S_3 纳米复合粉末的透射电镜照片如图 5-7(b)所示,衬度较深的 Bi_2S_3 一维纳米结构较均匀的分散在衬度较浅的 PEDOT 基体中。

单独合成 Bi_2S_3 时,硫代乙酰胺在酸性水溶液中缓慢水解放出 H_2S,H_2S 与 Bi^{3+} 结合生成 Bi_2S_3 晶核。由于斜方晶系 Bi_2S_3 高度的各向异性,晶核在溶液中逐渐生长为一维结构。同步合成 PEDOT - Bi_2S_3 复合粉末,生成 Bi_2S_3 一维纳米结构的同时,EDOT 单体被 $S_2O_8^{2-}$ 氧化聚合成

PEDOT 包覆在 Bi_2S_3 表面,并对 Bi_2S_3 的生长起抑制作用,因此复合产物中(图 5-7(b))Bi_2S_3 纳米结构单独合成的(图 5-7(a))更短更细。

图 5-7　(a) Bi_2S_3 与(b) PEDOT-Bi_2S_3 的透射电镜照片

5.3.3　热电性能

单独合成 PEDOT 与 Bi_2S_3 的电导率、Seebeck 系数以及功率因子如表 5-1 所示。HNO_3 掺杂 PEDOT 的电导率和 Seebeck 系数分别为 348 S·m^{-1} 和 6.9 μV·K^{-1},为 P 型半导体,载流子是掺杂引起的正极化子或正双极化子[279]。去掺杂后 PEDOT 变为 N 型半导体,电导率大幅下降(0.166 S·m^{-1}),但 Seebeck 系数的绝对值很高(1 637.5 μV·K^{-1})。去掺杂的 PEDOT 功率因子(0.445 μW·m^{-1}·K^{-2})是 HNO_3 掺杂 PEDOT(0.1 μW·m^{-1}·K^{-2})

表 5-1　去掺杂前后 PEDOT 以及 Bi_2S_3 的电导率(σ)、Seebeck 系数(α)以及功率因子($\alpha^2\sigma$)

样　品	σ/(S·m^{-1})	α/(μV·K^{-1})	$\alpha^2\sigma$/(μW·m^{-1}·K^{-2})
HNO_3 doped PEDOT	348	16.94	0.100
dedoped PEDOT	0.166	−1 637.5	0.445
Bi_2S_3	37.6	−226.9	1.94

的四倍多。单独合成 Bi_2S_3 的电导率和 Seebeck 系数分别为 37.6 S·m^{-1} 和 -226.9 μV·K^{-1}。由于冷压的样品存在大量的界面和孔隙,其电导率低于报道的块体 Bi_2S_3[269]。

合成的 PEDOT - Bi_2S_3 复合粉末都用氨水去掺杂后再冷压成片状。图 5-8(a) 为不同 Bi_2S_3 含量 PEDOT - PbTe 复合材料的电导率和 Seebeck 系数。当 Bi_2S_3 含量从 0 增加至 36.1 wt%,电导率单调增加(从

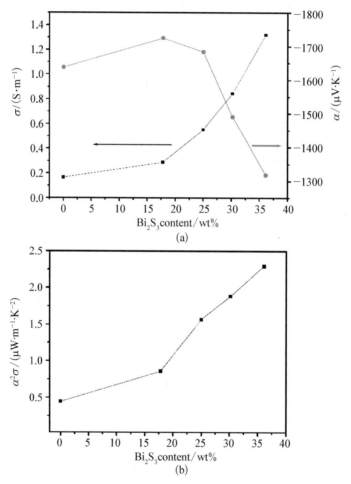

图 5-8 不同 Bi_2S_3 含量 PEDOT - Bi_2S_3 复合材料的(a) 电导率和 Seebeck 系数以及(b) 功率因子($\alpha^2\sigma$)

0.166 S·m^{-1}至1.3 S·m^{-1}，而Seebeck系数先从1 637.5 μV·K^{-1}(纯PEDOT)升至1 724 μV·K^{-1}(17.8 wt% Bi$_2$S$_3$样品)，再下降至1 318 μV·K^{-1}(36.1 wt% Bi$_2$S$_3$样品)。Seebeck系数的略微上升可能与PEDOT和Bi$_2$S$_3$之间的特殊界面有关。图5-8(b)显示样品的功率因子随着Bi$_2$S$_3$含量的增加而升高。36.1 wt% Bi$_2$S$_3$样品的功率因子达到2.3 μW·m^{-1}·K^{-2}，是纯PEDOT(0.445 μW·m^{-1}·K^{-2})的五倍，高于纯Bi$_2$S$_3$(1.94 μW·m^{-1}·K^{-2})，也高于5.2节中PbTe纳米颗粒修饰PEDOT的功率因子(最大值1.44 μW·m^{-1}·K^{-2})，说明采用N型半导体一维纳米结构与去掺杂PEDOT复合可以获得更好的热电性能。

5.4 PEDOT-Ag和PEDOT-Cu纳米复合材料的同步合成与热电性能

前两节合成的PEDOT-PbTe和PEDOT-Bi$_2$S$_3$电导率都很低，是制约功率因子提升的主要因素。本节利用电导率更高的金属纳米粒子与具有较高Seebeck系数的去掺杂PEDOT复合，期望获得更优的热电性能。金属纳米颗粒与PEDOT复合材料的一步法合成已有一些报道，如用电化学法一步合成PEDOT-Pt和PEDOT-Pd复合材料[280,281]，Kim等[282]利用HAuCl$_4$为引发剂气相聚合得到PEDOT-Au复合膜，Cho等[283]利用CuCl$_2$为引发剂用类似的方法得到PEDOT-Cu复合膜，但都未测试热电性能。本节分别利用AgNO$_3$和Cu(NO$_3$)$_2$为引发剂，用改进的界面聚合法液相合成PEDOT-Ag和PEDOT-Cu复合纳米粉末，并研究粉末冷压后的热电性能。

5.4.1 合成方法

PEDOT-Ag复合粒子的合成方法如下：将0.01 mol AgNO$_3$和

0.01 mol 对甲苯磺酸(PTSA)溶于 50 mL 乙腈中,将 1 mL (≈0.01 mol) EDOT 溶于 50 mL 正己烷中。将正己烷溶液缓缓加入乙腈溶液形成界面。整个反应体系在常温下静置。随着反应进行,界面下方溶液颜色变暗,24 h 后颜色变为棕色并产生沉淀。将生成产物用去离子水和无水乙醇交替多次洗涤至中性,放入真空烘箱中 70℃保温 8 h 干燥,得到墨绿色粉体。该产物进一步用氨水处理得到去掺杂的粉体,最终产率大于 85%。这里加入 PTSA 的目的是提高产率。(若不加入 PTSA,反应 72 h 后产率仍低于 <1%。)

PEDOT-Cu 复合粒子分别用两种方案合成。一种方案(方案 A)是分别将 0.01 mol $Cu(NO_3)_2$ 和 1 mL (≈0.01 mol) EDOT 分别溶于 50 mL 乙腈中和 50 mL 正己烷中。将正己烷溶液缓缓加入乙腈溶液形成界面。整个反应体系在常温下静置。随着反应进行,界面下方溶液颜色变暗,24 h 后颜色变为棕色并产生沉淀。将生成产物用去离子水和无水乙醇交替多次洗涤至中性,放入真空烘箱中 70℃保温 8 h 干燥,得到黑色粉体。不必加入 PTSA,产率约为 92%。方案 B 与方案 A 类似,只是用 20 mL 乙腈和 30 mL 乙二醇的混合溶液代替纯乙腈。

在合成过程中调整 $AgNO_3$($Cu(NO_3)_2$)与 EDOT 的摩尔比(0.5∶1,2∶1 和 4∶1)可制备不同 Ag(Cu)含量的复合粉体。

5.4.2 结构与形貌表征

图 5-9(a)是 EDOT 单体的红外光谱,图谱中 1 182 cm^{-1} 和 890 cm^{-1} 处的吸收峰(∗)分别对应于 =C—H 的面内和面外弯曲振动。在图谱(b)和(c)中这两个吸收峰消失,表明 EDOT 被 Ag^+ 氧化以 α-α' 方式聚合。图谱(b)和(c)分别对应于掺杂态和去掺杂态的 PEDOT。图谱(d)和(e)与图谱(c)类似,表明两种方案下 EDOT 都被 Cu^{2+} 氧化得到去掺杂态 PEDOT。

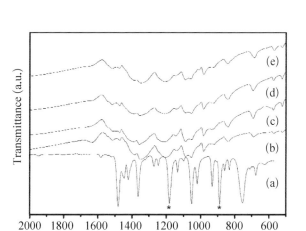

图 5-9　(a) EDOT 单体、(b) 原始掺杂态 PEDOT‑Ag、(c) 去掺杂后 PEDOT‑Ag、
(d) PEDOT‑Cu(方案 A)以及(e) PEDOT‑Cu(方案 B)的红外光谱

图 5-10(a)为去掺杂后 PEDOT‑Ag 的 XRD 图谱,所有衍射峰都与单质银的标准谱(JCPDS 卡片号: 87‑0717)对应。图 5-10(b)和(c)都与单质铜的标准谱(JCPDS 卡片号: 89‑2838)良好对应,但图 5-10(b)中 $2\theta = 36.6°$ 的衍射峰(*)对应于 Cu_2O 的(111)峰,而图 5-10(c)中 35.5°和

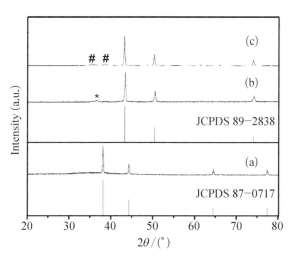

图 5-10　(a) 去掺杂后 PEDOT‑Ag、(b) PEDOT‑Cu(方案 A)、
(c) PEDOT‑Cu(方案 B)的 XRD 图谱以及 Ag(JCPDS 卡片号: 87‑0717)和 Cu(JCPDS 卡片号: 89‑2838)的标准谱

38.7°的衍射峰(♯)来自 CuO,表明方案 A 和 B 合成的 PEDOT‑Cu 分别含有少量 Cu_2O 和 CuO 杂质。

图 5‑11(a)为去掺杂后 PEDOT‑Ag 的透射电镜照片,衬度较浅的 PEDOT 形成一维网状结构,衬度较深的 Ag 颗粒附着在网络结构上,颗粒尺寸 50~150 nm,并有一些团聚。图 5‑11(b)为方案 A 合成 PEDOT‑Cu 的透射电镜照片,Cu 纳米颗粒附着在 PEDOT 纳米线上。与 PEDOT‑Ag 样品相比,PEDOT‑Cu 样品中 PEDOT 纳米线更规则,直径约 60 nm,Cu 纳米颗粒直径 15~65 nm。图 5‑11(c)显示方案 B 合成 PEDOT‑Cu 由两级一

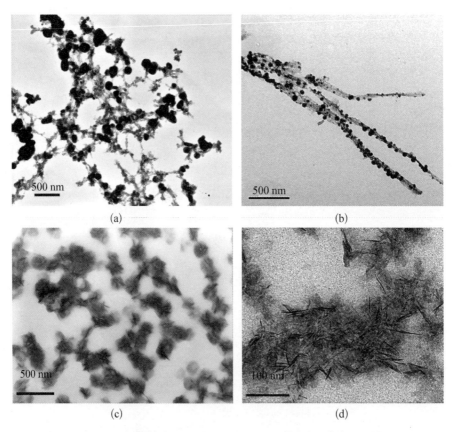

图 5‑11 (a) 去掺杂后 PEDOT‑Ag,(b) PEDOT‑Cu(方案 A)以及(c),(d) PEDOT‑Cu(方案 B)的典型透射电镜照片

维结构组成,珍珠链形的 PEDOT 形成网状结构,而衬度较深的 Cu 纳米针状结构嵌在 PEDOT 基体中。放大的照片(图 5-12(d))显示 Cu 纳米针状结构长度 60~100 nm,宽 8~12 nm。

合成 PEDOT-Ag/Cu 纳米复合粉末的反应机理如图 5-12 所示。在

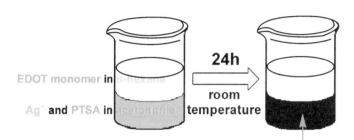

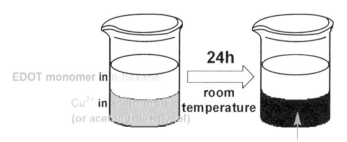

图 5-12 合成 PEDOT-Ag/Cu 的反应机理示意图

合成 PEDOT - Ag 过程中，$AgNO_3$ 溶于乙腈而 EDOT 溶于正己烷，EDOT 的氧化电位较低，可被 Ag^+ 氧化聚合。在乙腈/正己烷界面上，EDOT 被 Ag^+ 氧化聚合生成 PEDOT 一维结构进入乙腈溶液中，同时 Ag^+ 被还原为单质 Ag 纳米颗粒附着在 PEDOT 上。方案 A 合成 PEDOT - Cu 与 PEDOT - Ag 的合成类似，EDOT 单体在界面上被 Cu^{2+} 氧化生成 Cu 纳米颗粒修饰的 PEDOT 纳米线，有少量 Cu^{2+} 被还原为 Cu^+ 生成 Cu_2O。方案 B 与方案 A 相比，用黏度更高的乙腈和乙二醇混合溶液代替乙腈，有利于 Cu 生长为一维纳米针状结构，部分 Cu^{2+} 醇解为 $Cu(OH)_2$ 最终生成 CuO。

5.4.3 热电性能

去掺杂前后 PEDOT - Ag(氧单比 1∶1)的室温电导率、Seebeck 系数以及功率因子如表 5 - 2 所示。对甲苯磺酸掺杂 PEDOT 的电导率和 Seebeck 系数分别为 649 $S·m^{-1}$ 和 14.3 $\mu V·K^{-1}$，为 P 型半导体。去掺杂后电导率大幅下降至 0.859 $S·m^{-1}$，但 Seebeck 系数变为 $-1\,193.6\,\mu V·K^{-1}$，为 N 型半导体。去掺杂后功率因子(1.22 $\mu W·m^{-1}·K^{-2}$)比掺杂态 PEDOT(0.13 $\mu W·m^{-1}·K^{-2}$)高出近一个数量级，显示更好的热电特性。

表 5 - 2　去掺杂前后 PEDOT - Ag 的室温电导率(σ)、Seebeck 系数(α)以及功率因子($\alpha^2\sigma$)

样　品	$\sigma/(S·m^{-1})$	$\alpha/(\mu V·K^{-1})$	$\alpha^2\sigma/(\mu W·m^{-1}·K^{-2})$
掺杂态 PEDOT - Ag	649	14.31	0.13
去掺杂 PEDOT - Ag	0.859	-1 193.6	1.22

不同氧单比合成 PEDOT - Ag 和 PEDOT - Cu 复合材料的电导率、Seebeck 系数以及功率因子如图 5 - 13 所示。所有样品均经过去掺杂处理。随氧单比的提升(0.5~4)，复合产物中金属含量提高，PEDOT - Ag 复

第5章 聚3,4-乙撑二氧噻吩基纳米复合材料合成及其热电性能

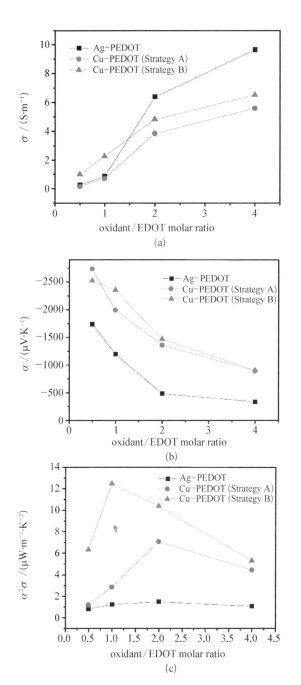

图 5-13 不同氧单比合成 PEDOT-Ag 和 PEDOT-Cu 复合材料的
(a) 电导率,(b) Seebeck 系数以及(c) 功率因子($\alpha^2\sigma$)

合材料的电导率由 0.271 S·m^{-1} 提高到 9.66 S·m^{-1}；而方案 A 和 B 合成 PEDOT-Cu 复合材料的电导率分别由 0.158 S·m^{-1} 和 0.994 S·m^{-1} 提高到 5.59 S·m^{-1} 和 6.52 S·m^{-1}。在相同氧单比条件下，方案 B 合成的 PEDOT-Cu 电导率高于方案 A，这是由于一维针状的 Cu 纳米结构更容易形成导电通路，同样道理，在低氧单比时（0.5 和 1）方案 B 合成的 PEDOT-Cu 电导率也高于 PEDOT-Ag 复合材料。图 5-13(b)显示所有样品 Seebeck 系数都为负值。由于金属 Ag 和 Cu 的 Seebeck 系数很小，复合材料 Seebeck 系数的绝对值都随氧单比的升高而降低。各复合材料的功率因子随合成氧单比变化关系如图 5-13(c)所示，当氧单比为 2 时，PEDOT-Ag 和方案 A 合成的 PEDOT-Cu 的功率因子分别达到最大值 1.49 μW·m^{-1}·K^{-2} 和 7.07 μW·m^{-1}·K^{-2}。方案 B 合成的 PEDOT-Cu 在氧单比为 1 的时候功率因子达到最大值 12.47 μW·m^{-1}·K^{-2}。在同一氧单比合成条件下，方案 B 合成的 PEDOT-Cu 具有最高的功率因子，表明聚合物基体中高导电率的一维无机纳米结构更有利于提升整体的热电性能。

5.5　PEDOT-CNTs 纳米复合材料的合成与热电性能

5.5.1　合成方法

典型的合成方法如下：0.02 mol FeCl$_3$ 和 0.1 mol 对甲苯磺酸（PTSA）溶于 50 mL 乙腈中，再将 1 mL（≈0.01 mol）EDOT 溶于另 50 mL 乙腈中并加入 0.2 g 多壁碳纳米管（南京先丰纳米技术公司提供，直径约 8 nm）超声分散后持续搅拌。将 FeCl$_3$ 和溶液以两秒每滴的速度滴入 EDOT 溶液中并持续搅拌。24 h 后颜色变为黑色并产生沉淀。将生成产

第5章 聚3,4-乙撑二氧噻吩基纳米复合材料合成及其热电性能

物用去离子水和无水乙醇交替多次洗涤至中性,放入真空烘箱中70℃保温8 h干燥,得到黑色粉体。碳纳米管含量估算为18.7 wt%。

同样工艺分别加入0.1 g,0.3 g和0.4 g CNTs合成复合粉末,产物中CNTs含量分别为10.2 wt%,26.5 wt%和32 wt%。纯PEDOT也用该方法合成。

粉末冷压成片状(直径10 mm)进行测试。室温的电导率、载流子浓度和迁移率在HMS-3000 Hall测试系统上进行。测试系统的磁通量密度为0.55 T,输入电流为19 mA。

5.5.2 结构与形貌表征

图5-14为合成PEDOT与PEDOT-CNTs的红外光谱,图谱(a)和(b)基本一致,681 cm^{-1},840 cm^{-1}和981 cm^{-1}的吸收峰对应于噻吩环上C—S键伸缩振动,1 513 cm^{-1}和1 342 cm^{-1}吸收峰对应于噻吩环上C—C或C=C键伸缩振动。1 054 cm^{-1},1 089 cm^{-1}和1 203 cm^{-1}吸收峰对应于—C—O—C—键振动。1 640 cm^{-1}吸收峰较强,表明得到掺杂态的PEDOT。碳纳米管的红外吸收较弱,因而没有看出明显差别。

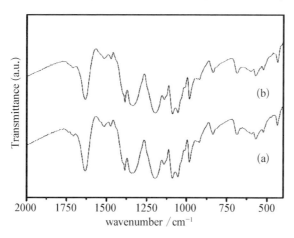

图5-14 合成(a) PEDOT与(b) PEDOT-CNTs的红外光谱

图 5-15(a)和(b)分别是原始多壁碳纳米管和 PEDOT-CNTs 的透射电镜照片。图 5-15(a)显示碳管直径 8~10 nm,长度大于 1 μm。由图 5-15(b)可看出合成的聚合物为无定形态,附着在碳纳米管上生长,很好的包覆在碳纳米管上。

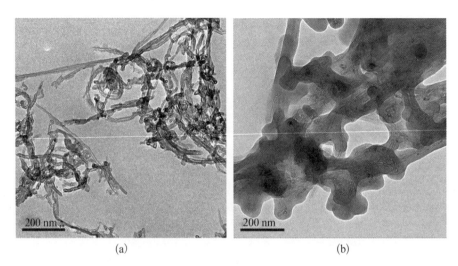

图 5-15　(a) 多壁碳纳米管和(b) PEDOT-CNTs 的典型透射电镜照片

5.5.3　热电性能

图 5-16(a)为不同 CNTs 含量复合产物的电导率和 Seebeck 系数。纯 PEDOT 的电导率和 Seebeck 分别为 1 080 S·m^{-1} 和 16.5 μV·K^{-1},是典型的掺杂态共轭高分子特征。随着 CNTs 含量上升,产物的电导率大幅提高,从 1 080 S·m^{-1}(纯 PEDOT)和提高到 9 492 S·m^{-1}(32 wt% CNTs 样品),Seebeck 系数先提高至 56.1 μV·K^{-1}(26.5 wt% CNTs 样品)后略微下降至 49.6 μV·K^{-1}(32 wt% CNTs 样品)。电导率和 Seebeck 的同步提升可能是由于 CNTs 和 PEDOT 之间的 π-π 相互作用使得分子链排列更加有序引起的。图 5-16(b)为不同 CNTs 含量复合产物的功率因子。随着 CNTs 含量上升,功率因子快速从 0.294 μW·m^{-1}·K^{-2}(纯

第5章 聚3,4-乙撑二氧噻吩基纳米复合材料合成及其热电性能

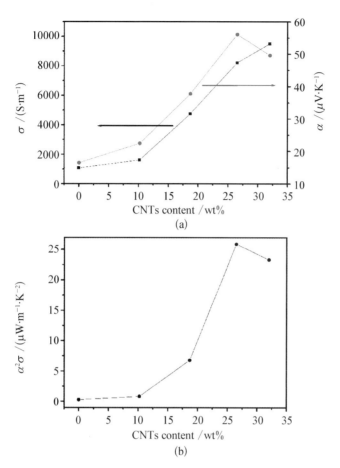

图5-16 不同CNTs含量复合产物的(a) 电导率和Seebeck系数以及(b) 功率因子($\alpha^2\sigma$)

PEDOT)提高到峰值 $25.9\ \mu W \cdot m^{-1} \cdot K^{-2}$（26.5 wt% CNTs 样品），继续提高CNTs含量，功率因子略微下降至 $23.3\ \mu W \cdot m^{-1} \cdot K^{-2}$（32 wt% CNTs 样品）。功率因子高于之前报道的PANi包覆单壁碳纳米管冷压块体的值（约 $20\ \mu W \cdot m^{-1} \cdot K^{-2}$）[180]，考虑到使用的多壁碳纳米管成本远低于单壁碳纳米管，合成 PEDOT-CNTs 有更优的性价比。

图5-17显示不同CNTs含量复合产物的载流子浓度和迁移率。复合产物的载流子浓度和迁移率均随着CNTs含量的增加而升高，载流子浓度

增加可使材料电导率增加，但对 Seebeck 系数不利；载流子迁移率增加会使得材料电导率和 Seebeck 系数同时增加。复合材料中电导率和 Seebeck 系数随 CNTs 含量同时提高主要来源于载流子迁移率的迅速增加。PEDOT 的载流子在分子链内通过共轭 π 键传输，分子链间通常需要通过"跃迁"传输。通常共轭高分子的聚合度较低，因而迁移率较小。原位合成的复合材料中 PEDOT 附着在 CNTs 上生长，一方面聚合物分子排列更加有序，另一方面 CNTs 表面大量的 π 键与 PEDOT 分子形成 π-π 相互作用，给载流子提供良好的传输通路，使得复合材料的载流子迁移率提高。

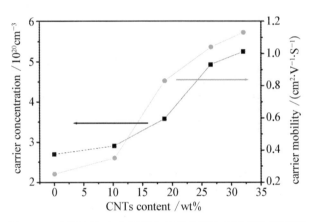

图 5-17 不同 CNTs 含量复合产物的载流子浓度和迁移率

将合成的掺杂态复合粉末用氨水去掺杂后压成片状测试电输运特性。如表 5-3 所示，去掺杂后纯 PEDOT 的 Seebeck 为负值，绝对值达到 3 116 $\mu V \cdot K^{-1}$，但电导率很低（0.077 $S \cdot m^{-1}$），与界面法合成的 PEDOT 结果基本一致。掺入碳纳米管后电导率有一定提升，但 Seebeck 系数的绝对值急速下降，使得复合材料的功率因子远低于纯 PEDOT，也远低于第 4 章中 PpPD-CNTs 和 PNA-CNTs 复合材料的结果，这是由于 CNTs 在氧化性环境中为 P 型半导体，与 N 型的 PEDOT 复合后使得电疏运性能严重劣化。

表 5-3 去掺杂后不同 CNTs 含量样品的室温电导率(σ)、
Seebeck 系数(α)以及功率因子($\alpha^2\sigma$)

样品 CNTs 含量	电导率(σ)/(S·m^{-1})	Seebeck 系数(α)/(μV·K^{-1})	功率因子($\alpha^2\sigma$)/(μW·m^{-1}·K^{-2})
0	0.077	−3 116	0.748
0.05 g CNTs	0.429	−74	0.002 3
0.1 g CNTs	1.67	−33	0.001 8
0.2 g CNTs	3.78	−22	0.001 8
0.4 g CNTs	7.66	8	0.000 5

5.6 本章小结

本章主要研究了 PEDOT 基纳米复合热电材料的同步或原位合成及热电性能。

首先在正己烷/乙腈界面上合成 PEDOT 纳米管结构,PEDOT 纳米管结构为去掺杂态,电导率较低,Seebeck 系数很大且为负值,为 N 型半导体。采用 Pickering 乳液合成 PbTe 纳米颗粒修饰的 PEDOT 纳米管结构,冷压后块体电导率随 PbTe 含量提高而上升,Seebeck 系数绝对值下降,功率因子先升高后下降,最大值为 1.44 μW·m^{-1}·K^{-2}。

在酸性溶液中同步合成 PEDOT - Bi$_2$S$_3$ 复合纳米粉末,Bi$_2$S$_3$ 为一维纳米结构。冷压后块体电导率随 Bi$_2$S$_3$ 含量提高而上升,Seebeck 绝对值略微上升后下降,功率因子最大值达到 2.3 μW·m^{-1}·K^{-2}。

分别用硝酸银和硝酸铜为引发剂在正己烷/乙腈界面上同步合成 Ag 和 Cu 纳米颗粒修饰的 PEDOT 一维纳米结构,在氧单比为 2 时,PEDOT - Ag 和 PEDOT - Cu 的功率因子分别达到最大值 1.49 μW·m^{-1}·K^{-2} 和

$7.07~\mu W \cdot m^{-1} \cdot K^{-2}$。用异丙醇与乙腈混合溶液代替乙腈溶液同步合成PEDOT-Cu网格结构：Cu纳米针状结构嵌在珍珠链状的PEDOT一维结构中。氧单比为1的时候功率因子达到最大值 $12.47~\mu W \cdot m^{-1} \cdot K^{-2}$。

在乙腈溶液中原位合成对甲苯磺酸掺杂的PEDOT包覆在碳纳米管上。在一定范围内样品的电导率和Seebeck系数随CNTs含量提高同时上升,功率因子峰值 $25.9~\mu W \cdot m^{-1} \cdot K^{-2}$。

第6章 结论和展望

本书主要围绕低维材料和有机-无机复合材料的化学合成及热电性能展开研究。

(1) 发展一种新的温和条件下碲化物薄膜的化学溶液沉积方法。采用相应的金属盐和二氧化碲为原料,以硼氢化钾为还原剂在碱性溶液中沉积碲化物薄膜,成功地得到 PbTe,SnTe 和 Ag_2Te 薄膜。沉积过程中,在溶液中先生成亚稳态金属亚碲酸盐胶粒,亚碲酸盐被硼氢化钾直接还原为相应碲化物薄膜,同时也得到相应的纳米粉体。沉积的 PbTe 薄膜功率因子为 $1.93~\mu W \cdot m^{-1} \cdot K^{-2}$,通过共沉积 PbTe-PbS 复合薄膜可大大提高 Seebeck 系数和功率因子,名义组分为 $(PbTe)_{0.25}(PbS)_{0.75}$ 样品的功率因子达到 $16.02~\mu W \cdot m^{-1} \cdot K^{-2}$。室温沉积的 Ag_2Te 和 Ag_2Se 薄膜电导率很低,270℃热处理后电导率大大提升,功率因子分别达到 $35.2~\mu W \cdot m^{-1} \cdot K^{-2}$ 和 $30.5~\mu W \cdot m^{-1} \cdot K^{-2}$。

(2) 在化学溶液沉积薄膜的基础上发展一种使用亚稳态溶液旋涂法制备薄膜工艺,用于化学沉积薄膜的亚稳态溶液短时间内通过旋涂的机械力作用破坏液滴体系稳定,在基片上形成纳米级的新相颗粒,并在旋涂作用下形成平整的薄膜。该工艺提高了薄膜沉积的效率,也拓展了薄膜沉积的适用范围。结合热处理工艺,可以得到一些化学沉积无法获得的目标产物薄膜,如 Bi_2Te_3 薄膜。

(3) 在碱性水溶液/CCl_4 界面合成了 PANi-PbTe,PANi-Ag_2Te,PANi-Ag_2Se 以及 PANi-Bi 纳米粉体。该方法中生成的 PANi 进入碱性水溶液,掺杂程度低,因而电导率很低,同步合成 PANi-无机半导体复合材料,实现了基本保持 PANi 原有 Seebeck 系数(甚至略有提升)不变的前提下电导率的大幅提高,但是由于 PANi 本身 Seebeck 系数只有 153 $\mu V \cdot K^{-1}$,使得同步合成的复合材料与纯无机半导体纳米颗粒冷压后的样品相比在热电性能上没有体现出优势。

(4) 对部分聚苯胺衍生物纳米结构的合成、修饰及热电性能进行了研究。采用原位聚合得到 PpPD-CNTs 复合材料,CNTs 含量为 16.6 wt% 时功率因子达到 0.706 $\mu W \cdot m^{-1} \cdot K^{-2}$。采用软模板法合成聚对苯二胺(PpPD)纳米线,去掺杂态 PpPD 的 Seebeck 系数较高,但电导率很低,用离子吸附的方法分别制备了 PbSe 和 Bi_2Se_3 修饰的 PpPD 纳米线,热电性能获得较大提高,最大功率因子分别达到 0.189 $\mu W \cdot m^{-1} \cdot K^{-2}$ 和 0.435 $\mu W \cdot m^{-1} \cdot K^{-2}$。用软模板法合成聚 α-萘胺(PNA)纳米管,同样具有很大的 Seebeck 系数和很小的电导率,但由于萘胺稠环的空间位阻较大,无法有效吸附离子进行修饰。原位聚合得到 PNA-CNTs 复合材料,最大功率因子达到 2.06 $\mu W \cdot m^{-1} \cdot K^{-2}$。

(5) 研究了 PEDOT 基纳米复合热电材料的同步或原位合成及热电性能。在正己烷/乙腈界面上合成 PEDOT 纳米管结构,PEDOT 纳米管结构为去掺杂态,电导率较低,Seebeck 系数很大且为负值,为 N 型半导体。采用 Pickering 乳液合成 PbTe 纳米颗粒修饰的 PEDOT 纳米管结构,冷压后块体电导率随 PbTe 含量提高而上升,Seebeck 系数绝对值下降,功率因子先升高后下降,最大值为 1.44 $\mu W \cdot m^{-1} \cdot K^{-2}$。在酸性溶液中同步合成 PEDOT-$Bi_2S_3$ 复合纳米粉末,Bi_2S_3 为一维纳米结构。冷压后块体电导率随 Bi_2S_3 含量提高而上升,Seebeck 绝对值略微上升后下降,功率因子最大值达到 2.3 $\mu W \cdot m^{-1} \cdot K^{-2}$。分别用硝酸银和硝酸铜为引发剂在正己烷/乙腈界面上同步合成 Ag 和 Cu 纳米颗粒修饰的 PEDOT 一维纳米结构,在氧单比为 2 时,PEDOT-Ag 和 PEDOT-Cu 的功率因子分别达到最大值 1.49 $\mu W \cdot m^{-1} \cdot K^{-2}$ 和 7.07 $\mu W \cdot m^{-1} \cdot K^{-2}$。用异丙醇与乙腈混合溶液代替乙腈溶液同步合成 PEDOT-Cu:产物为 Cu 纳米针嵌在珍珠链状的 PEDOT 网络结构中,氧单比为 1 时功率因子达到最大值 12.47 $\mu W \cdot m^{-1} \cdot K^{-2}$。在乙腈溶液中原位合成对甲苯磺酸掺杂的 PEDOT 包覆在碳纳米管上。在一定范围内样品的电导率和 Seebeck 系数随 CNTs 含量提高同时上升,功率因子峰值为 25.9 $\mu W \cdot m^{-1} \cdot K^{-2}$。

由于时间的限制,还有一些工作可进一步完善。薄膜热电材料方面,本书更多的关注于半导体薄膜的化学合成工艺,合成薄膜的热电性能仍相对较低,可尝试寻找与目前报道有较高热电性能的硒化物热电薄膜(PbSe,Bi_2Se_3 等)相匹配的化学沉积工艺,制备多元固溶体薄膜或复合薄膜来提升热电性能。另外,化学合成的硫族化合物薄膜可能具有较好的光伏特性、相变特性等,若进一步作针对性研究,开发新型的光电转换器件或信息存储器件,也将会有很大的实用价值。有机-无机复合热电材料方面,目前报道的性能较好的共轭高分子基复合热电材料大多制成薄膜,但共轭高分子通常成膜性较差,可以尝试进一步加入聚电解质(如 PSS 等)制备溶解性较好的前驱体,合成有机-无机复合薄膜以提升热电性能。

参考文献

[1] Sales B C. Thermoelectric materials – Smaller is cooler[J]. Science, 2002, 295: 1248.

[2] Snyder G J, Toberer E S. Complex thermoelectric materials[J]. Nature Materials, 2008, 7: 105.

[3] Rowe D M. Applications of Nuclear-Powered Thermoelectric Generators in Space[J]. Applied Energy, 1991, 40: 241.

[4] Saqr K M, Musa M N. Critical Review of Thermoelectrics in Modern Power Generation Applications[J]. Thermal Science, 2009, 13: 165.

[5] Omer S A, Infield D G. Design optimization of thermoelectric devices for solar power generation[J]. Solar Energy Materials and Solar Cells, 1998, 53: 67.

[6] Kraemer D, Poudel B, Feng H P, et al. High-performance flat-panel solar thermoelectric generators with high thermal concentration[J]. Nature Materials, 2011, 10: 532.

[7] Xi H X, Luo L G, Fraisse G. Development and applications of solar-based thermoelectric technologies[J]. Renewable & Sustainable Energy Reviews, 2007, 11: 923.

[8] Saqr K M, Mansour M K, Musa M N. Thermal design of automobile exhaust based thermoelectric generators: Objectives and challenges[J]. International

Journal of Automotive Technology, 2008, 9: 155.

[9] Chein R, Huang G M. Thermoelectric cooler application in electronic cooling[J]. Applied Thermal Engineering, 2004, 24: 2207.

[10] Bierschenk J, Gilley M. Assessment of TEC thermal and reliability requirements for thermoelectrically enhanced heat sinks for CPU cooling applications[C]. ICT'06: XXV International Conference on Thermoelectrics, Proceedings, 2006: 254.

[11] Gupta M P, Sayer M H, Mukhopadhyay S, et al. Ultrathin Thermoelectric Devices for On-Chip Peltier Cooling[J]. Ieee Transactions on Components Packaging and Manufacturing Technology, 2011, 1: 1395.

[12] Chung M S, Mayer A, Weiss B L, et al. Field emission cooling of thermoelectric semiconductor PbTe[J]. Applied Physics Letters, 2011: 98.

[13] Liu Y S, Hsu B C, Chen Y C. Effect of Thermoelectric Cooling in Nanoscale Junctions[J]. Journal of Physical Chemistry C, 2011, 115: 6111.

[14] Gould C A, Shammas N Y A, Grainger S, et al. Thermoelectric cooling of microelectronic circuits and waste heat electrical power generation in a desktop personal computer[J]. Materials Science and Engineering B-Advanced Functional Solid-State Materials, 2011, 176: 316.

[15] Guler N F, Ahiska R. Design and testing of a microprocessor-controlled portable thermoelectric medical cooling kit[J]. Applied Thermal Engineering, 2002, 22: 1271.

[16] 高敏, 张景韶, Rowe D M. 温差电转换及其应用[M]. 北京: 兵器工业出版社, 1996.

[17] Xie W J, He J, Kang H J, et al. Identifying the Specific Nanostructures Responsible for the High Thermoelectric Performance of (Bi, Sb)$_2$Te$_3$ Nanocomposites[J]. Nano Letters, 2010, 10: 3283.

[18] Kim D H, Kim C, Je K C, et al. Fabrication and thermoelectric properties of c-axis-aligned Bi$_{0.5}$Sb$_{1.5}$Te$_3$ with a high magnetic field[J]. Acta Materialia, 2011,

59: 4957.

[19] Zhang Y H, Xu G Y, Mi J L, et al. Hydrothermal synthesis and thermoelectric properties of nanostructured $Bi_{0.5}Sb_{1.5}Te_3$ compounds[J]. Materials Research Bulletin, 2011, 46: 760.

[20] Shen J J, Zhu T J, Yu C, et al. Influence of Ag_2Te Doping on the Thermoelectric Properties of p-type $Bi_{0.5}Sb_{1.5}Te_3$ Bulk Alloys[J]. Journal of Inorganic Materials, 2010, 25: 583.

[21] Liu W S, Zhang Q Y, Lan Y C, et al. Thermoelectric Property Studies on Cu-Doped n-type $Cu_xBi_2Te_{2.7}Se_{0.3}$ Nanocomposites[J]. Advanced Energy Materials, 2011(1): 577.

[22] Chen J K, Zhou X Y, Snyder G J, et al. Direct tuning of electrical properties in nano-structured $Bi_2Se_{0.3}Te_{2.7}$ by reversible electrochemical lithium reactions[J]. Chemical Communications, 2011, 47: 12173.

[23] Yan X A, Poudel B, Ma Y, et al. Experimental Studies on Anisotropic Thermoelectric Properties and Structures of n-Type $Bi_2Te_{2.7}Se_{0.3}$[J]. Nano Letters, 2010, 10: 3373.

[24] Poudel B, Hao Q, Ma Y, et al. High-thermoelectric performance of nanostructured bismuth antimony telluride bulk alloys. Science, 2008, 320: 634.

[25] Su T C, Jia X P, Ma H A, et al. Thermoelectric properties of nonstoichiometric PbTe prepared by HPHT[J]. Journal of Alloys and Compounds, 2009, 468: 410.

[26] Shelimova L E, Karpinskii O G, Svechnikova T E, et al. Synthesis and structure of layered compounds in the PbTe - Bi_2Te_3 and PbTe - Sb_2Te_3 systems[J]. Inorganic Materials, 2004, 40: 1264.

[27] Zhu P W, Imai Y, Yukihiro I, et al. High thermoelectric properties of PbTe doped with Bi_2Te_3 and Sb_2Te_3. Chinese Physics Letters, 2005, 22: 2103.

[28] Su T C, Zhu P W, Ma H A, et al. Electrical transport and high thermoelectric properties of PbTe doped with Bi_2Te_3 prepared by HPHT[J]. Solid State

Communications, 2006, 138: 580.

[29] Zhu P W, Imai Y, Isoda Y, et al. Composition-dependent thermoelectric properties of PbTe doped with Bi_2Te_3 [J]. Journal of Alloys and Compounds, 2006, 420: 233.

[30] Yoneda S, Hikage Y, Ohno Y, et al. Synthesis and Characterization of $AgPb_{18}SbTe_{20}$ doped with PbI_2 [C]. In: Somiya S, Doyama M, editors. Joint Symposium of the Materials-Research-Society-of-Japan. Tokyo, JAPAN, 2007: 311.

[31] Ikeda T, Ravi V A, Snyder G J. Formation of Sb_2Te_3 Widmanstatten precipitates in thermoelectric PbTe[J]. Acta Materialia, 2009, 57: 666.

[32] Dashevsky Z, Shusterman S, Dariel M P, et al. Thermoelectric efficiency in graded indium-doped PbTe crystals [J]. Journal of Applied Physics, 2002, 92: 1425.

[33] Ravich Y I, Nemov S A. Hopping conduction via strongly localized impurity states of indium in PbTe and its solid solutions[J]. Semiconductors, 2002, 36: 1.

[34] Freik D M, Boichuk V M, Mezhhovskaya L I. Charge state of indium and point defects in indium-doped lead telluride crystals[J]. Inorganic Materials, 2004, 40: 1026.

[35] Ahn K, Li C P, Uher C, et al. Improvement in the Thermoelectric Figure of Merit by La/Ag Cosubstitution in PbTe[J]. Chemistry of Materials, 2009, 21: 1361.

[36] Hsu K F, Loo S, Guo F, et al. Cubic $AgPbmSbTe_{2+m}$: Bulk thermoelectric materials with high figure of merit[J]. Science, 2004, 303: 818.

[37] Pei Y Z, Shi X Y, LaLonde A, et al. Convergence of electronic bands for high performance bulk thermoelectrics[J]. Nature, 2011, 473: 66.

[38] Yang S H, Zhu T J, Sun T, et al. Nanostructures in high-performance $(GeTe)_x(AgSbTe_2)_{100-x}$ thermoelectric materials[J]. Nanotechnology, 2008, 19.

[39] Cook B A, Wei X Z, Harringa J L, et al. In-situ elevated-temperature TEM study of (AgSbTe$_2$)$_{15}$(GeTe)$_{85}$[J]. Journal of Materials Science, 2007, 42: 7643.

[40] Levin E M, Cook B A, Harringa J L, et al. Analysis of Ce- and Yb-Doped TAGS - 85 Materials with Enhanced Thermoelectric Figure of Merit[J]. Advanced Functional Materials, 2011, 21: 441.

[41] Salvador J R, Yang J, Shi X, et al. Transport and mechanical property evaluation of (AgSbTe)$_{1-x}$(GeTe)$_x$ ($x=0.80, 0.82, 0.85, 0.87, 0.90$)[J]. Journal of Solid State Chemistry, 2009, 182: 2088.

[42] Thompson A J, Sharp J W, Rawn C J. Microstructure and Crystal Structure in TAGS Compositions[J]. Journal of Electronic Materials, 2009, 38: 1407.

[43] Li H, Cai K F, Wang H F, et al. The influence of co-doping Ag and Sb on microstructure and thermoelectric properties of PbTe prepared by combining hydrothermal synthesis and melting[J]. Journal of Solid State Chemistry, 2009, 182: 869.

[44] Li H, Cai K F, Du Y, et al. Preparation and thermoelectric properties of AgPb$_{18}$SbTe$_{20-x}$Se$_x$ ($x=1, 2, 4$) materials[J]. Current Applied Physics, 2012, 12: 188.

[45] Li H, Cai K F, Wang H F, et al. Preparation and thermoelectric properties of AgPb$_{18-x}$Sn$_x$SbTe$_{20}$ ($x=0.5, 1, 2, 4, 6$) materials[J]. Solid State Sciences, 2011, 13: 306.

[46] Slack G A, Hussain M A. The maximum possible conversion efficiency of silicon-germanium thermoelectric generators[J]. Journal of Applied Physics, 1991, 70: 2694.

[47] Fan X F, Zeng G H, Croke E, et al. SiGe/Si superlattice coolers[J]. Physics of Low-Dimensional Structures, 2000, 5-6: 1.

[48] Takiguchi H, Matoba A, Sasaki K, et al. Structural Properties of Heavily B-Doped SiGe Thin Films for High Thermoelectric Power[J]. Materials

Transactions, 2010, 51: 878.

[49] Minnich A J, Lee H, Wang X W, et al. Modeling study of thermoelectric SiGe nanocomposites[J]. Physical Review B, 2009, 80.

[50] Salloch D, Wieser U, Kunze U, et al. Thermopower-enhanced efficiency of Si/SiGe ballistic rectifiers[J]. Applied Physics Letters, 2009, 94.

[51] Mingo N, Hauser D, Kobayashi N P, et al. "Nanoparticle-in-Alloy" Approach to Efficient Thermoelectrics: Silicides in SiGe[J]. Nano Letters, 2009, 9: 711.

[52] Rowe D M. CRC Handbook of Thermoelectrics[M]. Boca Raton: CRC Press, 1995.

[53] Shi X, Zhang W, Chen L D, et al. Theoretical study of the filling fraction limits for impurities in $CoSb_3$[J]. Physical Review B, 2007: 75.

[54] Shi X, Yang J, Salvador J R, et al. Multiple-Filled Skutterudites: High Thermoelectric Figure of Merit through Separately Optimizing Electrical and Thermal Transports[J]. Journal of the American Chemical Society, 2011, 133: 7837.

[55] Wei P, Zhao W Y, Dong C L, et al. Excellent performance stability of Ba and In double-filled skutterudite thermoelectric materials[J]. Acta Materialia, 2011, 59: 3244.

[56] Zhou C, Sakamoto J, Morelli D, et al. Thermoelectric properties of $Co_{0.9}Fe_{0.1}Sb_3$-based skutterudite nanocomposites with $FeSb_2$ nanoinclusions[J]. Journal of Applied Physics, 2011: 109.

[57] Yang J Y, Chen Y H, Zhu W, et al. Characterization and Thermoelectric Properties of $La_{0.4}Ni_{0.2}Co_{3.8}Sb_{12}$ Filled Skutterudite Prepared by the MA-HP Method[J]. Journal of the American Ceramic Society, 2011, 94: 278.

[58] Zhao W Y, Wei P, Zhang Q J, et al. Enhanced Thermoelectric Performance in Barium and Indium Double-Filled Skutterudite Bulk Materials via Orbital Hybridization Induced by Indium Filler[J]. Journal of the American Chemical Society, 2009, 131: 3713.

[59] Kauzlarich S M, Brown S R, Snyder G J. Zintl phases for thermoelectric devices [J]. Dalton Transactions, 2007: 2099.

[60] Kauzlarich S M. Synthesis, structure, thermal, and electronic properties of Zintl phases for thermoelectric applications[J]. Abstracts of Papers of the American Chemical Society, 2009: 238.

[61] Flage-Larsen E, Diplas S, Prytz O, et al. Valence band study of thermoelectric Zintl-phase $SrZn_2Sb_2$ and $YbZn_2Sb_2$: X - ray photoelectron spectroscopy and density functional theory[J]. Physical Review B, 2010: 81.

[62] Zhu T J, Yu C, He J, et al. Thermoelectric Properties of Zintl Compound $YbZn_2Sb_2$ with Mn Substitution in Anionic Framework[J]. Journal of Electronic Materials, 2009, 38: 1068.

[63] Wang X J, Tang M B, Chen H H, et al. Synthesis and high thermoelectric efficiency of Zintl phase $YbCd_{2-x}Zn_xSb_2$[J]. Applied Physics Letters, 2009, 94.

[64] Yu C, Zhu T J, Zhang S N, et al. Improved thermoelectric performance in the Zintl phase compounds $YbZn_{2-x}Mn_xSb_2$ via isoelectronic substitution in the anionic framework[J]. Journal of Applied Physics, 2008, 104.

[65] Kastbjerg S, Uvarov C A, Kauzlarich S M, et al. Multi-temperature Synchrotron Powder X-ray Diffraction Study and Hirshfeld Surface Analysis of Chemical Bonding in the Thermoelectric Zintl Phase $Yb_{14}MnSb_{11}$[J]. Chemistry of Materials, 2011, 23: 3723.

[66] Yu C, Zhu T J, Yang S H, et al. Preparation and thermoelectric properties of polycrystalline nonstoichiometric $Yb_{14}MnSb_{11}$ Zintl compounds [J]. Physica Status Solidi-Rapid Research Letters, 2010, 4: 212.

[67] Toberer E S, Cox C A, Brown S R, et al. Traversing the Metal-Insulator Transition in a Zintl Phase: Rational Enhancement of Thermoelectric Efficiency in $Yb_{14}Mn_{1-x}AlxSb_{11}$[J]. Advanced Functional Materials, 2008, 18: 2795.

[68] Snyder G J, Christensen M, Nishibori E, et al. Disordered zinc in Zn_4Sb_3 with phonon-glass and electron-crystal thermoelectric properties [J]. Nature

Materials, 2004, 3: 458.

[69] Snyder G J. Zn - Sb intermetallic and Zintl phases for thermoelectric power generation[J]. Abstracts of Papers of the American Chemical Society, 2009: 238.

[70] Rauwel P, Lovvik O M, Rauwel E, et al. Nanovoids in thermoelectric beta - Zn_4Sb_3: A possibility for nanoengineering via Zn diffusion[J]. Acta Materialia, 2011, 59: 5266.

[71] Wang S Y, Li H, Qi D K, et al. Enhancement of the thermoelectric performance of beta - Zn_4Sb_3 by in situ nanostructures and minute Cd-doping[J]. Acta Materialia, 2011, 59: 4805.

[72] Chen W B, Li J B. Origin of the low thermal conductivity of the thermoelectric material beta - Zn_4Sb_3: An ab initio theoretical study[J]. Applied Physics Letters, 2011: 98.

[73] Brown S R, Kauzlarich S M, Gascoin F, et al. High-temperature thermoelectric studies of $A_{11}Sb_{10}$ (A = Yb, Ca)[J]. Journal of Solid State Chemistry, 2007, 180: 1414.

[74] Wang H F, Cai K F, Li H, et al. Synthesis and thermoelectric properties of $BaMn_2Sb_2$ single crystals[J]. Journal of Alloys and Compounds, 2009, 477: 519.

[75] May A F, Flage-Larsen E, Snyder G J. Electron and phonon scattering in the high-temperature thermoelectric $La_3Te_{4-z}M_z$ (M=Sb, Bi)[J]. Physical Review B, 2010: 81.

[76] May A F, Fleurial J P, Snyder G J. Optimizing Thermoelectric Efficiency in $La_{3-x}Te_4$ via Yb Substitution[J]. Chemistry of Materials, 2010, 22: 2995.

[77] Tsujii N, Roudebush J H, Zevalkink A, et al. Phase stability and chemical composition dependence of the thermoelectric properties of the type-I clathrate $Ba_8Al_xSi_{46-x}$ ($8 \leqslant x \leqslant 15$)[J]. Journal of Solid State Chemistry, 2011, 184: 1293.

[78] Nguyen L T K, Aydemir U, Baitinger M, et al. Atomic ordering and thermoelectric properties of the n-type clathrate $Ba_8 Ni_{3.5} Ge_{42.1} square_{0.4}$[J]. Dalton Transactions, 2010, 39: 1071.

[79] Kishimoto K, Koyanagi T, Akai K, et al. Synthesis and thermoelectric properties of type-I clathrate compounds Si-46-xPxTe8[J]. Japanese Journal of Applied Physics Part 2 - Letters & Express Letters, 2007, 46: L746.

[80] Cai K F, Zhang L C, Lei Q, et al. Preparation and characterization of $Ba_8 Ga_{16} Ge_{30}/Sr_8 Ga_{16} Ge_{30}$ core-shell single crystals[J]. Crystal Growth & Design, 2006, 6: 1797.

[81] Kuznetsov V L, Kuznetsova L A, Kaliazin A E, et al. Preparation and thermoelectric properties of $A_8(II) B_{16}(III) B_{30}(IV)$ clathrate compounds[J]. Journal of Applied Physics, 2000, 87: 7871.

[82] Okamoto N L, Kishida K, Tanaka K, et al. Effect of In additions on the thermoelectric properties of the type-I clathrate compound $Ba_8 Ga_{16} Ge_{30}$[J]. Journal of Applied Physics, 2007, 101.

[83] Okamoto N L, Kishida K, Tanaka K, et al. Crystal structure and thermoelectric properties of type-I clathrate compounds in the Ba-Ga-Ge system[J]. Journal of Applied Physics, 2006: 100.

[84] Hou X W, Zhou Y F, Wang L, et al. Growth and thermoelectric properties of $Ba_8 Ga_{16} Ge_{30}$ clathrate crystals[J]. Journal of Alloys and Compounds, 2009, 482: 544.

[85] Tang X F, Li P, Deng S K, et al. High temperature thermoelectric transport properties of double-atom-filled clathrate compounds $Yb_x Ba_{8-x} Ga_{16} Ge(30)$[J]. Journal of Applied Physics, 2008: 104.

[86] Liu Y, Wu L M, Li L H, et al. The Antimony-Based Type I Clathrate Compounds $Cs_8 Cd_{18} Sb_{28}$ and $Cs_8 Zn_{18} Sb_{28}$[J]. Angewandte Chemie-International Edition, 2009, 48: 5305.

[87] Poon S J. Electronic and thermoelectric properties of half-Heusler alloys[J].

Recent Trends in Thermoelectric Materials Research Ii, 2001, 70: 37.

[88] Mastronardi K, Young D, Wang C C, et al. Antimonides with the half-Heusler structure: New thermoelectric materials[J]. Applied Physics Letters, 1999, 74: 1415.

[89] Culp S R, Poon S J, Hickman N, et al. Effect of substitutions on the thermoelectric figure of merit of half-Heusler phases at 800 degrees C[J]. Applied Physics Letters, 2006: 88.

[90] Joshi G, Yan X, Wang H Z, et al. Enhancement in Thermoelectric Figure-Of-Merit of an N-Type Half-Heusler Compound by the Nanocomposite Approach [J]. Advanced Energy Materials, 2011, 1: 643.

[91] Simonson J W, Wu D, Xie W J, et al. Introduction of resonant states and enhancement of thermoelectric properties in half-Heusler alloys[J]. Physical Review B, 2011: 83.

[92] Yu C, Zhu T J, Xiao K, et al. microstructure and thermoelectric properties of (Zr, Hf)NiSn-based half-heusler alloys by melt spinning and spark plasma sintering[J]. Functional Materials Letters, 2010, 3: 227.

[93] Kimura Y, Tanoguchi T, Kita T. Vacancy site occupation by Co and Ir in half-Heusler ZrNiSn and conversion of the thermoelectric properties from n-type to p-type[J]. Acta Materialia, 2010, 58: 4354.

[94] Yu C, Zhu T J, Shi R Z, et al. High-performance half-Heusler thermoelectric materials $Hf_{1-x}Zr_xNiSn_{1-y}Sb_y$ prepared by levitation melting and spark plasma sintering[J]. Acta Materialia, 2009, 57: 2757.

[95] Zhang Q, He J, Zhao X B, et al. In situ synthesis and thermoelectric properties of La-doped Mg_2(Si, Sn) composites[J]. Journal of Physics D - Applied Physics, 2008: 41.

[96] Akasaka M, Iida T, Matsumoto A, et al. The thermoelectric properties of bulk crystalline n- and p-type Mg_2Si prepared by the vertical Bridgman method[J]. Journal of Applied Physics, 2008: 104.

[97] Dasgupta T, Stiewe C, Hassdorf R, et al. Effect of vacancies on the thermoelectric properties of $Mg_2Si_{1-x}Sb_x$ ($0 \leqslant x \leqslant 0.1$)[J]. Physical Review B, 2011: 83.

[98] Gao H L, Liu X X, Zhu T J, et al. Effect of Sb Doping on the Thermoelectric Properties of $Mg_2Si_{0.7}Sn_{0.3}$ Solid Solutions[J]. Journal of Electronic Materials, 2011, 40: 830.

[99] Gao H L, Zhu T J, Liu X X, et al. Flux synthesis and thermoelectric properties of eco-friendly Sb doped $Mg_2Si_{0.5}Sn_{0.5}$ solid solutions for energy harvesting[J]. Journal of Materials Chemistry, 2011, 21: 5933.

[100] Zhang Q, He J, Zhu T J, et al. High figures of merit and natural nanostructures in $Mg_2Si_{0.4}Sn_{0.6}$ hased thermoelectric materials[J]. Applied Physics Letters, 2008, 93: 102109.

[101] Wu H, Hu B, Tian N J, et al. Preparation of beta – $FeSi_2$ thermoelectric material by laser sintering[J]. Materials Letters, 2011, 65: 2877.

[102] Qu X R, Wang W, Liu W, et al. Antioxidation and thermoelectric properties of ZnO nanoparticles-coated beta – $FeSi_2$ [J]. Materials Chemistry and Physics, 2011, 129: 331.

[103] Meng Q S, Fan W H, Chen R X, et al. Thermoelectric properties of nanostructured $FeSi_2$ prepared by field-activated and pressure-assisted reactive sintering[J]. Journal of Alloys and Compounds, 2010, 492: 303.

[104] Niizeki N, Kato M, Ohsugi I J, et al. Effect of Aluminum and Copper Addition to the Thermoelectric Properties of $FeSi_2$ Sintered in the Atmosphere[J]. Materials Transactions, 2009, 50: 1586.

[105] Kakemoto H, Higuchi T, Shibata H, et al. Modified thermoelectric figure of merit estimated from enhanced mobility of [100] oriented beta – $FeSi_2$ thin film [J]. Journal of Materials Science-Materials in Electronics, 2008, 19: 311.

[106] Zhou A J, Zhu T J, Ni H L, et al. Preparation and transport properties of $CeSi_2$/HMS thermoelectric composites[J]. Journal of Alloys and Compounds,

2008, 455: 255.

[107] Kamilov T S, Uzokov A A, Kabilov D K, et al. Development thermoelectric detectors on base higher manganese silicide (HMS) films [C]. 2003 International Symposium on Microelectronics, 2003, 5288: 676.

[108] Kamilov T S, Uzokov A A, Kabilov D K, et al. Development of thermoelectric detectors on the basis of higher manganese silicide (HMS) films[C]. Twenty-Second International Conference on Thermoelectrics, Proceedings, 2003: 384.

[109] Gross E, Riffel M, Stohrer U. Thermoelectric Generators Made of $Fesi_2$ and Hms - Fabrication and Measurement[J]. Journal of Materials Research, 1995, 10: 34.

[110] Aoyama I, Fedorov M I, Zaitsev V K, et al. Effects of Ge doping on micromorphology of MnSi in $MnSi_{1.7}$ and on their thermoelectric transport properties[J]. Jpn. J. Appl. Phys, 2005, 44: 8562.

[111] Terasaki I, Sasago Y, Uchinokura K. Large thermoelectric power in $NaCo_2O_4$ single crystals[J]. Physical Review B, 1997, 56: 12685.

[112] Zhang F P, Zhang X, Lu Q M, et al. Effects of Pr doping on thermoelectric transport properties of $Ca_{3-x}Pr_xCo_4O_9$ [J]. Solid State Sciences, 2011, 13: 1443.

[113] Kang M G, Cho K H, Oh S M, et al. High-temperature thermoelectric properties of nanostructured $Ca_3Co_4O_9$ thin films[J]. Applied Physics Letters, 2011: 98.

[114] Delorme F, Martin C F, Marudhachalam P, et al. Effect of Ca substitution by Sr on the thermoelectric properties of $Ca_3Co_4O_9$ ceramics[J]. Journal of Alloys and Compounds, 2011, 509: 2311.

[115] Wang Y, Sui Y, Ren P, et al. Strongly Correlated Properties and Enhanced Thermoelectric Response in $Ca_3CO_{4-x}M_xO_9$ (M = Fe, Mn, and Cu)[J]. Chemistry of Materials, 2010, 22: 1155.

[116] Zhou X D, Yang J B, Thomsen E B, et al. Journal of the Electrochemical

Society, 2006, 153: J133.

[117] Yu C, Scullin M L, Huijben M, et al. Thermal conductivity reduction in oxygen-deficient strontium titanates [J]. Applied Physics Letters, 2008, 92: 092118.

[118] Wang Y, Sui Y, Su W H. High temperature thermoelectric characteristics of $Ca_{0.9}R_{0.1}MnO_3$ (R=La, Pr, ⋯, Yb)[J]. Journal of Applied Physics, 2008, 104: 093703.

[119] Kirihara K, Kimura K. Covalency, semiconductor-like and thermoelectric properties of Al-based quasicrystals: icosahedral cluster solids[J]. Science and Technology of Advanced Materials, 2000, 1: 227.

[120] Fisher I R, Cheon K O, Panchula A F, et al. Magnetic and transport properties of single-grain R - Mg - Zn icosahedral quasicrystals [$R = Y$, ($Y_{1-x}Gd_x$), ($Y_{1-x}Tb_x$), Tb, Dy, Ho, and Er][J]. Physical Review B, 1999, 59: 308.

[121] Macia E. May quasicrystals be good thermoelectric materials [J]? Applied Physics Letters, 2000, 77: 3045.

[122] Coleman L B, Cohen M J, Sandman D J, et al. Superconducting fluctuations and the peierls instability in an organic solid[J]. Solid State Communications, 1973, 12: 1125.

[123] Yoshino H, Aizawa H, Kuroki K, et al. Thermoelectric figure of merit of tau-type conductors of several donors[J]. Physica B-Condensed Matter, 2010, 405: S79.

[124] Yoshino H, Papavassiliou G C, Murata K. Low-dimensional organic conductors as thermoelectric materials[J]. Journal of Thermal Analysis and Calorimetry, 2008, 92: 457.

[125] Shirakawa H, Louis E J, MacDiarmid A G, et al. Synthesis of electrically conducting organic polymers: Halogen derivatives of polyacetylene, (CH)x[J]. Journal of Chemical Sociey & Chemical Communication, 1977: 578.

[126] Letheby H. On the production of a blue substance by the electrolysis of sulphate

of aniline[J]. Journal of the Chemical Society, 1862, 15: 161.

[127] Chiang J C, MacDiarmid A G. "Polyaniline": Protonic Acid Doping of the Emeraldine Form to the Metallic Regime[J]. Synthetic Metals, 1986, 13: 193.

[128] MacDiarmid A G. "Synthetic metals": A novel role for organic polymers (Nobel lecture)[J]. Angewandte Chemie-International Edition, 2001, 40: 2581.

[129] 陈振兴. 高分子电池材料[M]. 北京: 化学工业出版社, 2006.

[130] Kanatzidis M G. Polymeric Electrical Conductors[J]. Chemical and Engineering News, 1990, 68: 36.

[131] Li S Z, Wan M X. Photo-induced doped polyaniline by the vinylidene chloride and methyl acrylate copolymer as photo acid generator[J]. Chinese Journal of Polymer Science, 1997, 15: 108.

[132] Lee C W, Seo Y H, Lee S H. A soluble polyaniline substituted with t-BOC: Conducting patterns and doping[J]. Macromolecules, 2004, 37: 4070.

[133] Teshima K, Uemura S, Kobayashi N, et al. Effect of pH on photopolymerization reaction of aniline derivatives with the tris(2,2′-bipyridyl)ruthenium complex and the methylviologen system[J]. Macromolecules, 1998, 31: 6783.

[134] Kim Y, Fukai S, Kobayashi N. Photopolymerization of aniline derivatives in solid state and its application[J]. Synthetic Metals, 2001, 119: 337.

[135] Samuelson L A, Anagnostopoulos A, Alva K S, et al. Biologically derived conducting and water soluble polyaniline[J]. Macromolecules, 1998, 31: 4376.

[136] Liu W, Kumar J, Tripathy S, et al. Enzymatically synthesized conducting polyaniline[J]. Journal of the American Chemical Society, 1999, 121: 71.

[137] Kuramoto N, Tomita A. Chemical oxidative polymerization of dodecylbenzenesulfonic acid aniline salt in chloroform[J]. Synthetic Metals, 1997, 88: 147.

[138] Kuramoto N, Takahashi Y. Oxidative polymerization of dodecylbenzenesulfonic acid o-anisidine salt in organic solvent with electron acceptor[J]. Reactive & Functional Polymers, 1998, 37: 33.

[139] Huang J X, Moore J A, Acquaye J H, et al. Mechanochemical route to the conducting polymer polyaniline[J]. Macromolecules, 2005, 38: 317.

[140] Mateeva N, Niculescu H, Schlenoff J, et al. Correlation of Seebeck coefficient and electric conductivity in polyaniline and polypyrrole[J]. Journal of Applied Physics, 1998, 83: 3111.

[141] Shakouri A, Li S. Thermoelectric power factor for electrically conductive polymers[C]. 18th International Conference on Thermoelectrics, 1999: 402.

[142] 刘军,何莉,张联盟. 聚苯胺热电性能研究[J]. 华中科技大学学报(自然科学版),2003, 31: 73.

[143] Yao Q, Chen L D, Xu X C, et al. The high thermoelectric properties of conducting polyaniline with special submicron-fibre structure[J]. Chemistry Letters, 2005, 34: 522.

[144] Sun Y N, Wei Z M, Xu W, et al. A three-in-one improvement in thermoelectric properties of polyaniline brought by nanostructures[J]. Synthetic Metals, 2010, 160: 2371.

[145] Yan H, Ohta T, Toshima N. Stretched polyaniline films doped by (+/−)-10-camphorsulfonic acid: Anisotropy and improvement of thermoelectric properties [J]. Macromolecular Materials and Engineering, 2001, 286: 139.

[146] Groenendaal B L, Jonas F, Freitag D, et al. Poly(3,4-ethylenedioxythiophene) and its derivatives: Past, present, and future[J]. Advanced Materials, 2000, 12: 481.

[147] de Leeuw D M, Kraakman P A, Bongaerts P F G, et al. Electroplating of conductive podymers for the metallization of insulators[J]. Synthetic Metals 1994; 66: 263.

[148] Pettersson L A A, Carlsson F, Inganäs O, et al. Thin Solid Films 1998; 313: 356.

[149] Pettersson L A A, Johansson T, Carlsson F, et al. Anisotropic optical properties of doped poly(3,4-ethylenedioxythiophene)[J]. Synthetic Metals,

1999, 101: 198.

[150] Jonas F, Krafft W, Muys B. Poly (3, 4-ethylenedioxythiophene): Conductive coatings technical applications and properties[J]. Macromol. Symp., 1995, 100: 169.

[151] Yamato H, Ohwa M, Wernet W. Seability of polypyrrole and poly (3, 4-ethlenedioxythiophene) for biosensor application[J]. J. Electroanal. Chem., 1995, 397: 163.

[152] Sakmeche N, Aaron J J, Fall M, Anionic micelles; a new aqueous medium for electropolymerization of poly (3, 4-ethylenedioxythiophene) films on Pt electrodes[J]. Chemical Communications 1996: 2723.

[153] Kudoh Y, Akami K, Matsuya Y. Chemical polymerization of 3, 4-ethylenedioxythiophene using an aqueous medium containing an anionic surfactant[J]. Synthetic Metals, 1998, 98: 65.

[154] Meng H, Perepichka D F, Bendikov M. Solid-state synthesis of a conducting polythiophene via an unprecedented heterocyclic coupling reaction [J]. Angewandte Chemie-International Edition, 2003, 42: 658.

[155] Yamamoto T, Abla M. Synthesis of non-doped ploy(3, 4-ethylenedioxythiophene) and its spectroscopic date[J]. Synthetic Metals, 1999, 100: 237.

[156] Yamamoto T, Abla M, Shimizu T, Temperature dependent electrical conductivity of p-doped poly (3, 4-ethylenedioxythiophene) and poly (3-alkylthiophene)s[J]. Polymer Bulletin 1999; 42: 231.

[157] Jiang F X, Xu J K, Lu B Y, et al. Thermoelectric performance of poly(3, 4-ethylenedioxythiophene): Poly(styrenesulfonate)[J]. Chinese Physics Letters, 2008, 25: 2202.

[158] Liu C C, Lu B Y, Yan J, et al. Highly conducting free-standing poly(3, 4-ethylenedioxythiophene)/poly (styrenesulfonate) films with improved thermoelectric performances[J]. Synthetic Metals, 2010, 160: 2481.

[159] Bubnova O, Khan Z U, Malti A, et al. Optimization of the thermoelectric

figure of merit in the conducting polymer poly(3,4 - ethylenedioxythiophene)[J]. Nature Materials, 2011, 10: 429.

[160] Zhang L T, Tsutsui M, Ito K, et al. Thermoelectric properties of Zn_4Sb_3 thin films prepared by magnetron sputtering[J]. Thin Solid Films, 2003, 443: 84.

[161] Liufu S C, Chen L D, Yao Q, et al. Bismuth sulfide thin films with low resistivity on self-assembled monolayers[J]. Journal of Physical Chemistry B, 2006, 110: 24054.

[162] Sun Z L, Liufu S C, Chen X H, et al. Enhancing thermoelectric performance of bismuth selenide films by constructing a double-layer nanostructure[J]. Crystengcomm, 2010, 12: 2672.

[163] Hicks L D, Dresselhaus M S. Effect of quantum-well structures on the thermoelectric figure of merit[J]. Physical Review B, 1993, 47: 12727.

[164] Venkatasubramanian R, Siivola E, Colpitts T, et al. Thin-film thermoelectric devices with high room-temperature figures of merit[J]. Nature, 2001, 413: 597.

[165] Harman T C, Walsh M P, Laforge B E, et al. Nanostructured thermoelectric materials[J]. Journal of Electronic Materials, 2005, 34: L19.

[166] Jovanovic V, Ghamaty S, Elsner N B. Design, fabrication and testing of quantum well thermoelectric generator[C]. 2006 Proceedings 10th Intersociety Conference on Thermal and Thermomechanical Phenomena in Electronics Systems, 2006, 1-2: 1417.

[167] Heremans J, Thrush C M. Thermoelectric power of bismuth nanowires[J]. Physical Review B, 1999, 59: 12579.

[168] Lin Y M, Sun X Z, Dresselhaus M S. Theoretical investigation of thermoelectric transport properties of cylindrical Bi nanowires[J]. Physical Review B, 2000, 62: 4610.

[169] Lin Y M, Rabin O, Cronin S B, et al. Semimetal-semiconductor transition in Bi1-xSbx alloy nanowires and their thermoelectric properties[J]. Applied

Physics Letters, 2002, 81: 2403.

[170] Rabina O, Lin Y M, Dresselhaus M S. Anomalously high thermoelectric figure of merit in $Bi_{1-x}Sb_x$ nanowires by carrier pocket alignment[J]. Applied Physics Letters, 2001, 79: 81.

[171] Hochbaum A I, Chen R, Delgado R D, et al. Enhanced thermoelectric performance of rough silicon nanowires[J]. Nature, 2008, 451: 163.

[172] Boukai A I, Bunimovich Y, Tahir-Kheli J, et al. Silicon nanowires as efficient thermoelectric materials[J]. Nature, 2008, 451: 168.

[173] Zhao X B, Ji X H, Zhang Y H, et al. Bismuth telluride nanotubes and the effects on the thermoelectric properties of nanotube-containing nanocomposites [J]. Applied Physics Letters, 2005: 86.

[174] 南策文. 非均质材料物理-显微结构-性能关联[M]. 北京：科学出版社, 2005.

[175] Hostler S R, Kaul P, Day K, et al. Thermal and electrical characterization of nanocomposites for thermoelectrics [C]. Thermomechanical Phenomena in Electronic Systems-Proceedings of the Intersociety Conference, 2006: 1400.

[176] Zhao X B, Hu S H, Zhao M J, et al. Thermoelectric properties of $Bi_{0.5}Sb_{1.5}Te_3$/polyaniline hybrids prepared by mechanical blending. Materials Letters, 2002, 52: 147.

[177] Liu H, Wang J Y, Cui H M, et al. Directional compounding of polyaniline on surface of $NaFe_4P_{12}$ whisker[J]. Synthetic Metals, 2004, 145: 75.

[178] Yakuphanoglu F, Senkal B F. Thermo electrical and optical properties of double wall carbon nanotubes: polyaniline containing boron n-type organic semiconductors[J]. Polymers for Advanced Technologies, 2008, 19: 905.

[179] Meng C Z, Liu C H, Fan S S. A Promising Approach to Enhanced Thermoelectric Properties Using Carbon Nanotube Networks[J]. Advanced Materials, 2010, 22: 535.

[180] Yao Q, Chen L D, Zhang W Q, et al. Enhanced Thermoelectric Performance of Single-Walled Carbon Nanotubes/Polyaniline Hybrid Nanocomposites[J]. Acs

Nano, 2010, 4: 2445.

[181] Kim D, Kim Y, Choi K, et al. Improved Thermoelectric Behavior of Nanotube-Filled Polymer Composites with Poly(3,4-ethylenedioxythiophene) Poly(styrenesulfonate)[J]. Acs Nano, 2010, 4: 513.

[182] Yu C, Choi K, Yin L, et al. Light-Weight Flexible Carbon Nanotube Based Organic Composites with Large Thermoelectric Power Factors[J]. Acs Nano, 2011, 5: 7885.

[183] Zhang B, Sun J, Katz H E, et al. Promising Thermoelectric Properties of Commercial PEDOT: PSS Materials and Their Bi_2Te_3 Powder Composites[J]. Acs Applied Materials & Interfaces, 2010, 2: 3170.

[184] See K C, Feser J P, Chen C E, et al. Water-Processable Polymer-Nanocrystal Hybrids for Thermoelectrics[J]. Nano Letters, 2010, 10: 4664.

[185] Pop I, Nascu C, Ionescu V, et al. Structural and optical properties of PbS thin films obtained by chemical deposition[J]. Thin Solid Films, 1997, 307: 240.

[186] Rempel A A, Kozhevnikova N S, Leenaers A J G, et al. Towards particle size regulation of chemically deposited lead sulfide (PbS)[J]. Journal of Crystal Growth, 2005, 280: 300.

[187] Ghamsari M S, Araghi M K, Farahani S J. The influence of hydrazine hydrate on the photoconductivity of PbS thin film[J]. Materials Science and Engineering B-Solid State Materials for Advanced Technology, 2006, 133: 113.

[188] Yang Y J, Hu S S. The deposition of highly uniform and adhesive nanocrystalline PbS film from solution[J]. Thin Solid Films, 2008, 516: 6048.

[189] Liufu S C, Chen L D, Wang Q, et al. Bioinspired Bi_2S_3 thin films on 4-mercaptobenzoic acid functionalized self-assembled monolayers[J]. Crystal Growth & Design, 2007, 7: 639.

[190] Gorer S, Albuyaron A, Hodes G. Chemical Solution Deposition of Lead Selenide Films - a Mechanistic and Structural Study[J]. Chemistry of Materials, 1995, 7: 1243.

[191] Sun Z L, Liufu S C, Chen X H, et al. Solution Route to PbSe Films with Enhanced Thermoelectric Transport Properties[J]. European Journal of Inorganic Chemistry, 2010, 4321.

[192] Qiu X F, Austin L N, Muscarella P A, et al. Nanostructured Bi_2Se_3 films and their thermoelectric transport properties[J]. Angewandte Chemie-International Edition, 2006, 45: 5656.

[193] Sun Z L, Liufu S C, Chen L D. Synthesis and characterization of nanostructured bismuth selenide thin films[J]. Dalton Transactions, 2010, 39: 10883.

[194] Ito M, Seo W S, Koumoto K. Thermoelectric properties of PbTe thin films prepared by gas evaporation method[J]. Journal of Materials Research, 1999, 14: 209.

[195] Rogacheva E I, Krivulkin I M, Nashchekina O N, et al. Effect of oxidation on the thermoelectric properties of PbTe and PbS epitaxial films[J]. Applied Physics Letters, 2001, 78: 1661.

[196] Rogacheva E I, Tavrina T V, Nashchekina O N, et al. Effect of non-stoichiometry on oxidation processes in n-type PbTe thin films[J]. Thin Solid Films, 2003, 423: 257.

[197] Komissarova T, Khokhlov D, Ryabova L, et al. Impedance of photosensitive nanocrystalline PbTe(In) films[J]. Physical Review B, 2007: 75.

[198] Jacquot A, Lenoir B, Boffoue M O, et al. Pulsed laser deposition of PbTe films on glass substrates[C]. 5th International Conference on Laser Ablation COLA'99. Gottingen, Germany, 1999: S613.

[199] Jdanov A, Pelleg J, Dashevsky Z, et al. Growth and characterization of PbTe films by magnetron sputtering[J]. Materials Science and Engineering B - Solid State Materials for Advanced Technology, 2004, 106: 89.

[200] Zogg H, Alchalabi K, Zimin D. Lead chalcogenide, on silicon infrared focal plane arrays for thermal imaging[J]. Defence Science Journal, 2001, 51: 53.

[201] Chen H Y, Dong S S, Yang Y K, et al. A twinned PbTe film induced by the 7x7 reconstruction of Si(111)[J]. Journal of Crystal Growth, 2004, 273: 156.

[202] Sharov M K, Ugai Y A. Microdeformations of the Crystal Lattices of Ga-Doped PbTe Films on Si Substrates[J]. Journal of Surface Investigation - X - Ray Synchrotron and Neutron Techniques, 2008, 2: 481.

[203] Saloniemi H, Kanniainen T, Ritala M, et al. Electrodeposition of PbTe thin films[J]. Thin Solid Films, 1998, 326: 78.

[204] Xiao F, Yoo B, Ryan M A, et al. Electrodeposition of PbTe thin films from acidic nitrate baths[J]. Electrochimica Acta, 2006, 52: 1101.

[205] Li X H, Nandhakumar I S. Direct electrodeposition of PbTe thin films on n-type silicon[J]. Electrochemistry Communications, 2008, 10: 363.

[206] Ponnambalam V, Lindsey S, Hickman N S, et al. Sample probe to measure resistivity and thermopower in the temperature range of 300 K~1 000 K[J]. review of scientific instruments, 2006, 77: 073904.

[207] Chuprakov I S, Dahmen K H, Schneider J J, et al. Bis(bis(trimethylsilyl)methyl)tin(IV) chalcogenides as possible precursors for the metal organic chemical vapor deposition of tin(II) selenide and tin(II) telluride films[J]. Chemistry of Materials, 1998, 10: 3467.

[208] Rogacheva E I, Nashchekina O N, Vekhov Y O, et al. Oscillations in the thickness dependences of the room-temperature Seebeck coefficient in SnTe thin films[J]. Thin Solid Films, 2005, 484: 433.

[209] Rogacheva E I, Grigorov S N, Nashchekina O N, et al. Growth mechanism and thermoelectric properties of PbTe/SnTe/PbTe heterostructures[J]. Thin Solid Films, 2005, 493: 41.

[210] Chuprakov I S, Dahmen K H. CVD of metal chalcogenide films[J]. Journal De Physique Iv, 1999, 9: 313.

[211] Abramof E, Ferreira S O, Rappl P H O, et al. Electrical properties of $Pb_{1-x}Sn_xTe$ layers with $0 \leqslant x \leqslant 1$ grown by molecular beam epitaxy[J]. Journal of

Applied Physics, 1997, 82: 2405.

[212] An C H, Tang K B, Hai B, et al. Solution-phase synthesis of monodispersed SnTe nanocrystallites at room temperature [J]. Inorganic Chemistry Communications, 2003, 6: 181.

[213] Moulder J F, Stickle W F, Sobol P E, et al. Handbook of X-ray Photoelectron Spectroscopy[M]. Minnesota: Perkin-Elmer, 1992.

[214] Liang C Y, Tada K. Dependence of silver distribution in electro-beam-exposed regions on dosage as well as on the thicknesses of dry-sensitized layers and chalcogenide glass films[J]. Journal of Applied Physics, 1988, 64: 4494.

[215] Safran G, Malicsko L, Geszti O, et al. The formation of (001) oriented Ag_2Se films on amorphous and polycrystalline substrates via polymorphic-phase transition[J]. Journal of Crystal Growth, 1999, 205: 153.

[216] Boolchand P, Bresser W J. Mobile silver ions and glass formation in solid electrolytes[J]. Nature, 2001, 410: 1070.

[217] Safran G, Geszti O, Radnoczi G. Formation of oriented silver telluride on single and polycrystalline Ag films[J]. Vacuum, 2003, 71: 299.

[218] Xue M Z, Cheng S C, Yao J, et al. Fabrication and lithium electrochemistry of Ag_2Se thin film anode[J]. Electrochimica Acta, 2006, 51: 3287.

[219] Pawar S J, Chikode P P, Fulari V J, et al. Studies on electrodeposited silver selenide thin film by double exposure holographic interferometry[J]. Materials Science and Engineering B - Solid State Materials for Advanced Technology, 2007, 137: 232.

[220] Chuprakov I S, Dahmen K H. Large positive magnetoresistance in thin films of silver telluride[J]. Applied Physics Letters, 1998, 72: 2165.

[221] Husmann A, Betts J B, Boebinger G S, et al. Megagauss sensors[J]. Nature, 2002, 417: 421.

[222] von Kreutzbruck M, Lembke G, Mogwitz B, et al. Linear magnetoresistance in Ag^{2+} delta Se thin films[J]. Physical Review B, 2009: 79.

[223] Das D V, Karunakaran D. Thickness dependence of the phase transition temperature in Ag_2Se thin films[J]. Journal of Applied Physics, 1990, 68: 2105.

[224] Gnanadurai P, Soundararajan N, Sooriamoorthi C E. Studies on the electrical conduction in silver telluride thin films[J]. Physica Status Solidi B - Basic Research, 2003, 237: 472.

[225] Kumar M C S, Pradeep B. Electrical properties of silver selenide thin films prepared by reactive evaporation[J]. Bulletin of Materials Science, 2002, 25: 407.

[226] Mohanty B C, Kasiviswanathan S. Transmission electron microscopy and Rutherford backscattering spectrometry studies of Ag_2Te films formed from Ag - Te thin film couples[J]. Crystal Research and Technology, 2006, 41: 59.

[227] Mohanty B C, Murty B S, Vijayan V, et al. Atomic force microscopy study of thermal stability of silver selenide thin films grown on silicon[J]. Applied Surface Science, 2006, 252: 7975.

[228] Mohanty B C, Malar P, Osipowicz T, et al. Characterization of silver selenide thin films grown on Cr-covered Si substrates[J]. Surface and Interface Analysis, 2009, 41: 170.

[229] Chen R Z, Xu D S, Guo G L, et al. Electrodeposition of silver telluride thin films from non-aqueous baths[J]. Electrochimica Acta, 2004, 49: 2243.

[230] Pejova B, Najdoski M, Grozdanov I, et al. Chemical bath deposition of nanocrystalline (111) textured Ag_2Se thin films[J]. Materials Letters, 2000, 43: 269.

[231] Fujikane M, Kurosaki K, Muta H, et al. Electrical properties of alpha- and beta - Ag_2Te[J]. Journal of Alloys and Compounds, 2005, 387: 297.

[232] Gnanaduraia P, Soundararajanb N, Sooriamoorthy C E. Investigation on the influence of thickness and temperature on the Seebeck coefficient of silver telluride thin films[J]. Vacuum, 2002, 67: 275.

[233] Schnyders H S, Saboungi M L, Rosenbaum T F. Magnetoresistance in n- and p-type Ag_2Te: Mechanisms and applications[J]. Applied Physics Letters, 2000, 76: 1710.

[234] Feng J, Ellis T W. Feasibility Study of Conjugated Polymer Nano-composites for Thermoelectrics[J]. Synthetic Metals, 2003, 135: 55.

[235] Huang J X, Virji S, Weiller B H, et al. Polyaniline nanofibers: Facile synthesis and chemical sensors[J]. Journal of the American Chemical Society, 2003, 125: 314.

[236] Wang X, Liu N, Yan X, et al. Alkali-guided synthesis of polyaniline hollow microspheres[J]. Chemistry Letters, 2005, 34: 42.

[237] Zhang L J, Wan M X. Self-assembly of polyaniline - From nanotubes to hollow microspheres[J]. Advanced Functional Materials, 2003, 13: 815.

[238] Li J J, Tang X F, Li H, et al. Synthesis and thermoelectric properties of hydrochloric acid-doped polyaniline[J]. Synthetic Metals, 2010, 160: 1153.

[239] Fujikane M, Kurosaki K, Muta H, et al. Thermoelectric properties of alpha- and beta - Ag_2Te[J]. Journal of Alloys and Compounds, 2005, 393: 299.

[240] Ferhat M, Nagao J. Thermoelectric and transport properties of beta - Ag_2Se compounds[J]. Journal of Applied Physics, 2000, 88: 813.

[241] Li X G, Huang M R, Chen R F, et al. Preparation and characterization of poly (p-phenylenediamine-co-xylidine)[J]. Journal of Applied Polymer Science, 2001, 81: 3107.

[242] Wan M X, Wei Z X, Zhang Z M, et al. Studies on nanostructures of conducting polymers via self-assembly method[J]. Synthetic Metals, 2003, 135: 175.

[243] Wan M X, Huang K, Zhang L J, et al. Nanotubes of conducting polyaniline and polypyrrole[J]. International Journal of Nonlinear Sciences and Numerical Simulation, 2002, 3: 465.

[244] Huang J, Wan M X. Polyaniline doped with different sulfonic acids by in situ doping polymerization[J]. Journal of Polymer Science Part a-Polymer

Chemistry, 1999, 37: 1277.

[245] Wan M X, Huang J, Shell Y Q. Microtubes of conducting polymers[J]. Synthetic Metals, 1999, 101: 708.

[246] Huang J, Wan M X. In situ doping polymerization of polyaniline microtubules in the presence of beta-naphthalenesulfonic acid[J]. Journal of Polymer Science Part a-Polymer Chemistry, 1999, 37: 151.

[247] Huang K, Meng X H, Wan M X. Polyaniline hollow microspheres constructed with their own self-assembled nanofibers[J]. Journal of Applied Polymer Science, 2006, 100: 3050.

[248] Huang K, Wan M X, Long Y Z, et al. Multi-functional polypyrrole nanofibers via a functional dopant-introduced process[J]. Synthetic Metals, 2005, 155: 495.

[249] Long Y Z, Zhang L J, Chen Z J, et al. Electronic transport in single polyaniline and polypyrrole microtubes[J]. Physical Review B, 2005: 71.

[250] Wan M X, Li J C. Tubular poly(ortho-toluidine) synthesized by a template-free method[J]. Polymers for Advanced Technologies, 2003, 14: 320.

[251] Ahmad S, Ashraf S M, Riaz U, et al. Progress in Organic Coatings, 2008, 62: 32.

[252] Riaz U, Ahmad S, Ashraf S M. Materials and Corrosion, 2009, 60: 80.

[253] Ojani R, Raoof J-B, Salmany-Afagh P. Journal of Electroanalytical Chemistry, 2004, 571: 1.

[254] Chung C Y, Wen T C, Gopalan A. Spectrochimica Acta Part A, 2004, 60: 585.

[255] Genies E M, Lapkowski M. Electrochimica Acta, 1987, 32: 1223.

[256] Schmitz B K, Euler W B. J. Electroanal. Chem, 1995, 399: 47.

[257] Arevalo A H, Fernandez H, Silber J J, et al. Electrochimica Acta, 1990, 35: 741.

[258] Riaz U, Ahmad S, Ashraf S M. Colloid. Polym. Sci. , 2008, 286: 459.

[259] Riaz U, Ahmad S, Ashraf S M. Polymer Bulletin, 2008, 60: 487.

[260] Radhika S, Murugan K D, Baskaran I, Dhanalakshmi V, Anbarasan R. Journal of Materials Science, 2009, 44: 3542.

[261] Muller K, Klapper M, Mullen K. Synthesis of conjugated polymer nanoparticles in non-aqueous emulsions [J]. Macromolecular Rapid Communications, 2006, 27: 586.

[262] Zhang X Y, Lee J S, Lee G S, et al. Chemical synthesis of PEDOT nanotubes [J]. Macromolecules, 2006, 39: 470.

[263] Cho S I, Choi D H, Kim S H, et al. Electrochemical synthesis and fast electrochromics of poly(3, 4-ethylenedioxythiophene) nanotubes in flexible substrate[J]. Chemistry of Materials, 2005, 17: 4564.

[264] Han M G, Foulger S H. 1-dimensional structures of poly (3,4-ethylenedioxythiophene) (PEDOT): a chemical route to tubes, rods, thimbles, and belts[J]. Chemical Communications, 2005: 3092.

[265] Zhang X Y, MacDiarmid A G, Manohar S K. Chemical synthesis of PEDOT nanofibers[J]. Chemical Communications, 2005: 5328.

[266] Su K, Nuraje N, Zhang L Z, et al. Fast conductance switching in single-crystal organic nanoneedles prepared from an interfacial polymerization-crystallization of 3, 4-ethylenedioxythiophene[J]. Advanced Materials, 2007, 19: 669.

[267] Yang Y J, Jiang Y D, Xu J H, et al. Conducting polymeric nanoparticles synthesized in reverse micelles and their gas sensitivity based on quartz crystal microbalance[J]. Polymer, 2007, 48: 4459.

[268] Binks B P, Lumsdon S O. Influence of particle wettability on the type and stability of surfactant-free emulsions[J]. Langmuir, 2000, 16: 8622.

[269] Chen B X, Uher C, Iordanidis L, et al. Transport properties, of Bi_2S_3 and the ternary bismuth sulfides $KBi_{6.33}S_{10}$ and $K_2Bi_8S_{13}$ [J]. Chemistry of Materials, 1997, 9: 1655.

[270] Ye C H, Meng G W, Jiang Z, et al. Rational growth of Bi_2S_3 nanotubes from quasi-two-dimensional precursors [J]. Journal of the American Chemical

Society, 2002, 124: 15180.

[271] Yu X L, Cao C B. Photoresponse and Field - Emission Properties of Bismuth Sulfide Nanoflowers[J]. Crystal Growth & Design, 2008, 8: 3951.

[272] Chen Y, Kou H M, Jiang J, et al. Morphologies of nanostructured bismuth sulfide prepared by different synthesis routes[J]. Materials Chemistry and Physics, 2003, 82: 1.

[273] Shi H Q, Zhou X D, Fu X, et al. Preparation of CdS nanowires and Bi_2S_3 nanorods by extraction-solvothermal method[J]. Materials Letters, 2006, 60: 1793.

[274] Xing G J, Feng Z J, Chen G H, et al. Preparation of different morphologies of nanostructured bismuth sulfide with different methods[J]. Materials Letters, 2003, 57: 4555.

[275] Zhu J M, Yang K, Zhu J J, et al. The microstructure studies of bismuth sulfide nanorods prepared by sonochemical method[J]. Optical Materials, 2003, 23: 89.

[276] Huang X H, Yang Y W, Dou X C, et al. In situ synthesis of Bi/Bi_2S_3 heteronanowires with nonlinear electrical transport[J]. Journal of Alloys and Compounds, 2008, 461: 427.

[277] He R, Qian X F, Yin J, et al. Preparation of Bi_2S_3 nanowhiskers and their morphologies[J]. Journal of Crystal Growth, 2003, 252: 505.

[278] Li Q, Shao M W, Wu J, et al. Synthesis of nano-fibrillar bismuth sulfide by a surfactant-assisted approach[J]. Inorganic Chemistry Communications, 2002, 5: 933.

[279] Furukawa Y. Electronic absorption and vibrational spectroscopies of conjugated conducting polymers[J]. Journal of Physical Chemistry, 1996, 100: 15644.

[280] Harish S, Mathiyarasu J, Phani K L N, et al. PEDOT/Palladium composite material: synthesis, characterization and application to simultaneous determination of dopamine and uric acid [J]. Journal of Applied

Electrochemistry, 2008, 38: 1583.

[281] Patra S, Munichandraiah N. Electrooxidation of Methanol on Pt‒Modified Conductive Polymer PEDOT[J]. Langmuir, 2009, 25: 1732.

[282] Kim S Y, Lee Y, Cho M S, et al. Formation of gold nanoparticles during the vapor phase oxidative polymerization of EDOT using HAuCl4 oxidant[J]. Molecular Crystals and Liquid Crystals, 2007, 472: 591.

[283] Cho M S, Kim S Y, Nam J D, et al. Preparation of PEDOT/Cu composite film by in situ redox reaction between EDOT and copper(II) chloride[J]. Synthetic Metals, 2008, 158: 865.

后 记

首先向导师姚熹院士致以诚挚的谢意！感谢姚老师的辛勤指导和栽培。姚老师待人和蔼，学识渊博、治学严谨，对科学问题洞察敏锐。在研究过程中姚老师提出了很多有价值的建议，让我少走了很多弯路。姚老师对科学孜孜以求的精神更是我终生学习的楷模。

感谢蔡克峰教授对我具体研究工作的悉心教导。蔡老师作为我的合作导师，对实验设计和操作、论文的思路整理和写作都给予严格的要求和细致入微的指导。蔡老师对待科研工作严谨求实、一丝不苟的精神深刻地影响着我。

感谢功能材料研究所张良莹老师在生活上给予的关心；感谢姚曼文老师、翟继卫老师、王旭升老师、杨同青老师、于剑老师、沈波老师以及李艳霞老师在科研工作中的热情相助；感谢同济大学材料学院金属所殷俊林老师在透射电镜测试及分析方面所给予的帮助；感谢华中科技大学杨君友老师和中科院上海硅酸盐研究所陈立东老师在薄膜性能测试方面给予的帮助。

感谢课题组同门汪慧峰、李晖、李晓龙、周炽炜、王玲、安百俊、王鑫、杜永、陈松、秦臻和李凤元在研究过程中给予的大力协助，本书的完成与大家的团结互助、通力协作是分不开的。感谢功能材料研究所的胡保付、单威、孙铭诚和王辉同学在实验和测试过程的帮助。

  谨以此文献给亲爱的父母亲,他们的支持、理解和鼓励是我不断前进的动力。

汪元元